文本挖掘中若干核心技术研究

朱颢东　著

北京理工大学出版社

BEIJING INSTITUTE OF TECHNOLOGY PRESS

内 容 提 要

本书简单介绍了文本挖掘的产生背景、基本概念和研究价值，概要介绍了粗糙集的相关知识，详细介绍了文本特征选择、文本分类、文本聚类以及文本关联分析等相关核心内容，重点介绍了各核心内容的研究成果。

本书坚持理论和实践相结合，每个核心研究成果都有详细的算法步骤和详尽的实验仿真流程，力求读者在了解相关理论知识的同时也能再现其中的研究成果。

本书适用于对文本挖掘感兴趣的相关专业的硕士生、博士生以及相关的初级、中级和高级研究人员，也可供从事其他类型数据挖掘的研究人员参考使用。

图书在版编目（CIP）数据

文本挖掘中若干核心技术研究/朱颢东著.—北京：北京理工大学出版社，2017.3
ISBN 978-7-5682-0506-1

Ⅰ.①文… Ⅱ.①朱… Ⅲ.①数据采集－研究 Ⅳ.①TP274

中国版本图书馆CIP数据核字（2016）第312222号

出版发行 / 北京理工大学出版社有限责任公司
社　　　址 / 北京市海淀区中关村南大街5号
邮　　　编 / 100081
电　　　话 / （010）68914775（总编室）
　　　　　　（010）82562903（教材售后服务热线）
　　　　　　（010）68948351（其他图书服务热线）
网　　　址 / http://www.bitpress.com.cn
经　　　销 / 全国各地新华书店
印　　　刷 / 北京紫瑞利印刷有限公司
开　　　本 / 710毫米×1000毫米　1/16
印　　　张 / 8　　　　　　　　　　　　　　　　　责任编辑 / 李玉昌
字　　　数 / 120千字　　　　　　　　　　　　　　文案编辑 / 杜春英
版　　　次 / 2017年3月第1版　2017年3月第1次印刷　责任校对 / 周瑞红
定　　　价 / 48.00　　　　　　　　　　　　　　　责任印制 / 边心超

前　言
PREFACE

随着互联网的普及和企业信息化程度的提高，网络资源越来越丰富，但这些资源绝大部分是海量的并且以非结构化的文本形式存在。如何有效地从这些海量非结构化文本资源中发现潜在的有价值的知识已成为当今信息处理技术领域的热点问题。在此背景下，文本挖掘应运而生，并逐渐成为研究热点。

本书以文本数据为研究对象，对文本挖掘中的若干核心技术进行研究，主要包括文本特征选择、文本分类、文本聚类、文本关联分析。其研究内容和创新点如下：

（1）文本特征选择。首先系统地分析了常用的文本特征选择方法，总结了它们的不足；然后提出了优化的文档频、文本特征辨别能力、类内集中度等概念；紧接着在此基础上给出了三种新的文本特征选择方法：基于综合启发式的文本特征选择方法、基于差别对象对集的文本特征选择方法、基于二进制可辨矩阵的文本特征选择方法。实验结果表明，在微平均和宏平均方面，这三种方法比三种经典的文本特征选择方法，即互信息、x^2 统计量及信息增益都要好，并且前一种方法优于后两种方法。

（2）文本分类。首先对文本分类所涉及的各项技术进行了阐述；然后把粗糙集用于文本分类；紧接着提出了基于辨识集的属性约简算法和基于规则综合质量的属性值约简算法，并将其应用到文本分类规则的提取中。实验结果表明，其生成的规则属性较少，分类准确率和召回率都较高。

针对传统 ID3 算法倾向于选择取值较多的属性的缺点，首先引进了粗糙集的属性重要性来改进 ID3 算法，然后再进一步根据 ID3

算法中信息增益的计算特点，利用凸函数的性质来简化 ID3 算法，从而减少了信息增益的计算量，进而提高了 ID3 算法中信息增益的计算效率。实验证明，优化的 ID3 算法与原 ID3 算法相比，在构造决策树时具有较高的准确率和更快的计算速度，并且构造的决策树还具有较少的平均叶子数。

（3）文本聚类。通过对 K-Means 算法仔细分析，发现该算法会因初始聚类中心的随机性而产生波动性较大的聚类结果。为解决这一问题，本书改进了模拟退火算法并用它来优选初始聚类中心，从而得到了一种适用于文本数据的聚类算法。该算法把改进的模拟退火算法和 K-Means 算法结合在一起，从而达到既能发挥模拟退火算法的全局寻优能力，又可以兼顾 K-Means 算法的局部寻优能力，较好地克服了 K-Means 算法对初始聚类中心敏感、容易陷入局部最优的不足。实验表明，该算法不但生成的聚类结果质量较高，而且其波动性较小。

由于缺乏类信息，文本聚类中无监督文本特征选择问题一直很难较好地被加以解决，为此，本书对该问题进行了研究并提出了两种新的无监督文本特征选择方法：①结合文档频和 K-Means 的无监督文本特征选择方法。该方法主要是把有监督文本特征选择的思想引入到无监督文本特征选择中，克服了聚类时缺乏类的先验知识的不足，较好地解决了无监督文本特征选择问题。②结合新型的无监督文档频和基于论域划分的无决策属性的决策表属性约简算法的无监督文本特征选择方法。该方法首先使用所提出的新型的无监督文档频进行文本特征初选以过滤低频的噪声词，然后再使用所给的基于论域划分的无决策属性的决策表属性约简算法进行文本特征约简。实践结果表明，这两种方法在一定程度上都能够解决无监督文本特征选择问题。

（4）文本关联分析。最频繁项集挖掘是文本关联规则挖掘中研究的重点和难点，它决定了文本关联规则挖掘算法的性能。本书首先分析了当前在最频繁项集挖掘方面的不足；然后改进了传统的倒排表；紧接着结合最小支持度阈值动态调整策略，提出了一个新的基于改进倒排表和集合理论的 Top-N 最频繁项集挖掘算法；最后对所提算法进行了验证。另外，还给出了几个命题和推论，并把它们用于所提算法以提高性能。实验结果表明，所提算法的规则有效率和时间性能比常用的两个 Top-N 最频繁项集挖掘算法即 NApriori 算法和 IntvMatrix 算法都好。

本书得到了郑州轻工业学院计算机与通信工程学院院长甘勇教授的大力支持。同时，也获得了国家自然科学基金项目（61201447）、河南省科技计划项目（152102210149、152102210357）、河南省高等学校青年骨干教师资助计划项目（2014GGJS-084）、河南省高等学校重点科研项目（16A520030）、郑州轻工业学院校级青年骨干教师培养对象资助计划项目（XGGJS02）等的支持。

著 者

目　录
CONTENTS

第1章 绪 论

随着互联网的飞速发展和大规模普及以及企业信息化程度的提高，互联网上以非结构化形式存在的文本资源呈爆炸式增长。毋庸置疑，互联网上信息量的迅猛增加不断地扩大着人们的视野。然而，信息产生的速度远远超过了人们收集信息和利用信息的速度，使得人们无法快速有效地查找到自己真正感兴趣的信息，从而造成了时间、资金和精力的巨大浪费[1]。为此，迫切需要研究出一种有效的文本信息处理技术以便从大规模文本数据资源中提取出符合需要的，精炼、简洁、易于理解的信息，文本挖掘就是为解决这个问题而产生的一个热点研究方向。

本章首先阐述了文本挖掘的研究背景、研究意义、国内外研究现状以及研究难点，然后对文本挖掘的概念、过程以及所将要研究的核心技术进行了介绍，紧接着介绍了本书所要用到的粗糙集理论以便为后续章节打下基础，最后阐述了本书的主要工作和创新点。

1.1 课题研究背景及意义

据中国互联网络信息中心（China Internet Network Information Center，CNNIC)2016 年 8 月发布的《第 38 次中国互联网络发展状况统计报告》显示[2]，截至 2016 年 6 月，中国网民规模达 7.10 亿，互联网普及率达到 51.7%，超过全球平均水平 3.1 个百分点，并且每天还在不断更新和增加。这预示着随着互联网的飞速发展和大规模普及以及企业信息化程度的提高，Internet 上的信息资源呈爆炸式增长。毋庸置疑，Internet 上信息量的迅猛增加不断地扩大着人们的视野。然而，信息产生的速度远远超过了人们收集信息、利用信息的速度，使得人们无法快速有效地查找到自己真正感兴趣的信息，从而造成了时间、资金和精力的巨大浪费。

大家知道，只要是信息资源存在的地方，就很可能存在有价值的知识，这些信息聚集地也就成为传统数据挖掘的用武之地。但是，网络信息最自然的形式是文本，再现信息往往也是以文本形式出现或者可以转化为文本形式。有研究表明[3]，网络中超过 80% 的信息包含于文本文档中。由于文本数据具有无标签性、半结构性、非结构性、高维性、非均匀性和动态性等特性，传统的数据挖掘往往对此无能为力。这就导致了所谓的"信息爆炸但知识相对匮乏"现象，极大地打击了人们充分利用 Internet 上海量文本信息资源的积极性。为此，人们在为能够获得如此丰富的信息资源而欢欣鼓舞的同时，也因无法有效地利用这些海量文本资源而深感惋惜。面对这一问题，一个极富挑战性的课题——如何高效地组织处理和管理这些海量文本信息，并快速、准确、全面地从中获得用户所需要的信息，成为学术界和企业界十分关注的焦点。在此背景下，文本挖掘应运而生并逐渐成为一个研究热点。

目前，文本挖掘已经成为数据挖掘的一个重要研究方向，但它又区别于传统数据挖掘。传统数据挖掘面对的是结构化非文本数据，采用的大多是非常明确的定量方法，其过程包括数据取样、文本特征提取、模型选择、问题归纳和知识发现。而文本挖掘是以非结构化和模糊的文本数据为研究对象，利用定量计算和定性分析的办法，从中寻找信息的结构、模型、模式等隐含的具有潜在价值的新知识的过程[3]。由于文本型数据的快速增长，文本挖掘的重要性也日益增强，同时由于文本数据具有不同于一般数据的无结构或半结构化、高维数等特点，所以原来的数据挖掘算法不再适合于文本挖掘，文本挖掘比传统数据挖掘要复杂得多，挖掘方法也不同于传统数据挖掘。可以把它看成传统数据挖掘或传统数据库中的知识发现的扩展，它经常使用的方法来源于自然语言处理、Web 技术、人工智能、统计学、信息抽取、聚类、分类、可视化、数据库技术、机器学习和数据挖掘以及软计算理论等[4,5]。

文本挖掘能够对 Web 上大量文档集合的内容进行关联分析、总结、分类、聚类，以及利用 Web 文档进行趋势预测等[6~10]，这些功能可以使人们比较准确地找到需要的资料，节约检索时间，提高 Web 文档的利用价值等。总的来说，文本挖掘有利于检索结果的组织和加速检索过程，对人们充分利用网络资源意义重大。

1.2　课题国内外研究现状

对于文本挖掘的研究工作，国外开始得比较早，早期的信息抽取技术就是文本挖掘的雏形。随着文本挖掘技术的发展，他们对文本分类技术、关键词的自动获取和半结构化信息提取等相关领域进行了较为深入的研究，并取得了不少令人瞩目的研究成果[8~10]，许多技术已经进入实用化阶段，且在邮件分类、电子会议、信息过滤等方面取得了广泛的应用。

　　国外相关学者普遍认为，文本挖掘过程一般包括两个模块：一个是文本格式转换模块，就是把任意格式的文本转化为可以用来机器学习的媒介格式；另一个是知识获取模块，即从这种媒介格式中推导出所需要的模式或者知识。

　　近年来，国外一些研究机构的研究成果已经在商业领域得到了很好的应用，如 IBM 的文本智能挖掘机，其主要功能是文本特征提取、文档聚类、文档分类和检索，支持 16 种语言多种格式的文本检索，采用深层次的文本分析和索引方法，支持全文搜索和索引搜索，搜索条件可以是自然语言和布尔逻辑条件，是 Client/Server 结构，支持大量并发用户做检索任务，联机更新索引；Autonomy 公司的核心产品 Concept Agents 经过训练以后，能自动从文本中抽取概念；TelTech 公司的 TelTech 提供专家服务、专业文献检索服务及产品与厂商检索服务，TelTech 成功的关键是建立了高性能的知识结构[11]等。

　　文本挖掘属于新兴的前沿领域，相对于国外，我国学术界正式引入文本挖掘的概念并开展针对中文的文本挖掘研究是从最近几年才开始的[12]。从公开发表的代表性研究成果来看，在文本挖掘方面我国目前还处于积极吸收国外有关技术理论和小规模试验阶段，其主要集中在高等院校、科研院所和信息公司，但也取得了一些成果[13]，例如：

　　(1)清华大学计算机科学与技术系的汉语基本名词短语分析模型、识别模型、文本词义标注、语言建模、分词歧义算法、上下文无关分析、语素和构词研究。

　　(2)中国科学院计算机语言信息工程中心的陈肇雄研究员及其课题组在汉语分词、自然语言接口、句法分析、语义分析、音字转换等做出了突破性贡献。

　　(3)哈尔滨工业大学计算机科学与工程系研究的自动文摘、音字转换、手写汉字识别、自动分词、中文词句快速查找系统。

　　(4)上海交通大学计算机科学与工程系研究的语句语义、自然语言模型、构造语义解释模型(增量式)、范例推理、树形分层数据库方法(非结构化数据知识方法)。

　　(5)东北大学计算机学院的中文信息自动抽取、词性标注、汉语文本自动分类模型等。

　　目前，对文本挖掘的理论方法和技术实现，国内外都在进行深入的研究和探讨，研究表明文本挖掘技术可以应用于[12]：

　　(1)信息智能代理。主要为分布式信息网络环境下的信息查询服务。用户可以不知道所要检索的信息的具体形式和存储于何地、何种介质中，只要用户提出查找要求，文本挖掘技术会自动把信息源中各种形式的相关信息都检索出来。

　　(2)文本信息文摘。用包括题目和具有代表性的关键词进行抽取、计算和表达，自动选择重要的句子，产生文本信息摘要。

（3）基于内容检索。传统的基于几个关键词的检索很难描述具有丰富内涵的信息，而文本挖掘采用基于内容的检索技术可以从文本信息中抽取一些更为详细的、经过特殊加工的特征信息，大大提高了检索的全面性和准确性。

（4）信息过滤。根据用户需要，通过对多个不同信息集之间的比较进行信息过滤，产生适量的、合乎用户需求的信息。

从中国知网的学术趋势搜索中得知，学术界对文本挖掘的学术关注度从1996年到2011年是逐渐上升的，其上升趋势如图1-1所示。

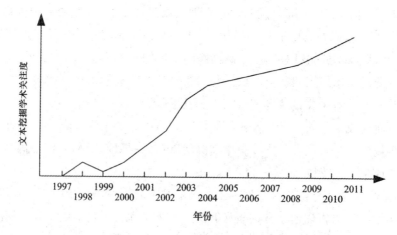

图 1-1　文本挖掘的学术关注度趋势

目前，国内外学者主要在文本特征选择、文本分类、文本关联分析、文本摘要、文本结构分析、文本聚类、分布分析和趋势预测等方面进行研究。由于目前计算机的运算能力还达不到文本挖掘研究的要求，国内外学者在这方面研究的进展都非常小。

我国在文本挖掘方面特别是其商业化应用方面的研究仍明显落后于国外，因此，如何尽快提高我国的文本挖掘研究水平以及应用能力，是计算机科学领域迫切需要研究的重要课题之一。

1.3　课题研究难点

文本挖掘是传统数据挖掘的一个重要研究分支，但它又不同于传统数据挖掘。传统数据挖掘面对的是结构化数据，采用的大多是非常明确的定量方法，其过程包括数据取样、文本特征提取、模型选择、问题归纳和知识的发现。而文本挖掘所研究的文本数据不同于传统数据，其有自己的特点，总的来说文本数据有以下特点[14]：

(1)无标签。一般需要进行处理后才可以进行分类、检索等相关操作。

(2)分布式。来源多样性和类型多样性，决定了文本收集的复杂性，因而文本在进行处理前一般需要进行预处理，如对于 HTML 类型的文本文件一般预处理的必需步骤为去除 HTML 的语法标签。

(3)半结构性或非结构性。如半结构化的 HTML 文本和无结构化的 free text 具有很强的非线性文本特征，很难用传统模型来描述，也就不能采用传统的方法进行处理。

(4)动态性。要求文本处理方法具有一定的柔性，可以处理随时间变化的文本，即随时间变化可以更新原有文本和接纳新的文本，具备学习能力(尤其是无监督)；要求具备长期记忆、短期记忆、详细模式记忆和粗略模式记忆等多种功能。

(5)高维特性(文本最重要的特点)。文本向量的维数可以高达上万维，一般的数据挖掘、数据检索的方法由于计算量过大或代价高昂而不具有可行性(如多元统计分析中的主因素分析)，因而有必要对现有方法加以改变以适应高计算量、高资源消耗的文本处理特点；同时也可以研究文本表示的新方法或者有效的维数约简方法。

(6)语义性。文本检索本身是语义检索，由于一词多义、多词一义，在时间和空间上的上下文相关等情况，文本检索本身就具有内在相关、非确定性、非精确性等特点，传统的严格关键词布尔检索方法难以适应具有上述特点的文本检索，因而有必要在检索词表示、文本表示、匹配算法等方面进行语义性扩充或者研究。

(7)数据量巨大。一般文本检索的文本库中会存在最少数千个文本样本，对这些文本进行预处理、编码、训练神经网络等的工作量是非常庞大的，因而手工方法一般是不可行的，文本处理必须是自动化或者半自动化的，如自动分词系统。

从以上文本挖掘所处理的数据特点可以看出，文本挖掘比数据挖掘要复杂得多，原来的数据挖掘算法并不适合文本挖掘，文本挖掘算法的复杂度必须在时间和空间上是多项式的，并且应具有很强的鲁棒性，因此，研究一些适合文本挖掘的算法十分必要。

1.4 文本挖掘概述

1.4.1 文本挖掘的定义

文本挖掘属于多交叉科学研究领域，它涉及数据挖掘、信息检索、自然语言处理、计算机语言学、机器学习、模式识别、人工智能、统计学、计算机网络技术、信息学等多个领域，不同学者从各自的研究目的与领域出发，对其含义有不同的理解，并且应用目的不同，文本挖掘研究的侧重点也不同。目前，文本挖掘作为数据挖掘的一个新分支，引起了国内外学者的广泛关注。对于它的定义，目前尚无定论，这需要国内外学者进行更多的研究以对其进行精确定义[12]。一般来说，文本挖掘是在文本数据、文本信息、文本知识定义的基础上定义的，所以这里先给出文本数据、文本信息、文本知识的定义[16]，然后给出文本挖掘的定义。

定义 1.1 文本数据是大规模自然语言文本的集合，是面向人的，可以被人部分理解，但不能为人所充分利用。它具有自然语言固有的模糊性与歧义性，有大量的噪声和不规则结构[17]。

定义 1.2 文本信息是从文本数据中抽取出来的、机器可读的、具有一定格式的、无歧义的、呈显性关系的集合[17]。

定义 1.3 文本知识是对文本信息进行处理而得到的有意义的模式，是面向人的，对人来说是可理解的和有用的[17]。

定义 1.4 文本挖掘是指从大量文本数据中抽取事先未知的、可理解的、最终可用的信息或知识的过程[13,15,17]。

从文本挖掘的定义可以看出，当数据挖掘的对象由文本数据组成时，它就成为文本挖掘。文本挖掘又称为文本知识发现[18]或文本数据挖掘[19]，其主要目的是从非结构化文本数据中提取满足需求的、有价值的模式和知识，可以看成传统数据挖掘或知识发现的扩展。不过，文本挖掘超出了信息检索的范畴，它主要是发现某些文字出现的规律以及文字与语义、语法间的联系，用于自然语言的处理，如机器翻译、信息检索、信息过滤等。

1.4.2 文本挖掘的过程

文本挖掘过程一般从收集文档开始，然后依次为 Stemming(英文)/分词(中文)、文本特征提取和文本表示、文本特征选择、模式或知识挖掘、结果评价、知识或模式输出。典型的文本挖掘过程如图 1-2 所示。

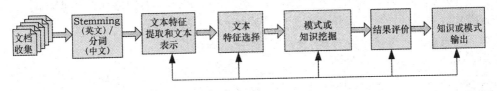

图 1-2　文本挖掘的一般过程

(1)文档收集。这个阶段主要是收集与挖掘任务有关的文本数据。

(2) Stemming(英文)/分词(中文)。文本数据获得后不能直接对其应用,还需进行适当的处理,原因在于文本挖掘所处理的是非结构化的文本,它经常使用的方法来自自然语言理解领域,计算机很难处理其语义,使得现有的数据挖掘技术无法直接对其应用。这就要求对文本进行处理,抽取代表其特征的元数据,这些文本特征可以用结构化的形式保存,作为文档的中间表示形式,形成文本特征库[20]。对英文文档来说,需进行 Stemming 处理,而对中文文档来说,由于中文词与词之间没有固定的间隔符,需要进行分词处理。目前主要存在两种分词技术:基于词库的分词技术和无词典分词技术。对于这两种技术,已有多种成熟的分词算法产生[21~28]。

(3)文本特征提取和文本表示。文本数据集经过 Stemming(英文)/分词(中文)后有大量文本特征组成,由于并不是每个文本特征对文本挖掘任务都有益,因此,必须选择那些能够对文本进行充分表示的文本特征[29,30]。在具体应用中,选择何种文本特征由综合处理速度、精度要求、存储空间等方面的具体要求来决定。

目前存在多种文本表示模型,其中最经典的就是向量空间模型[31](Vector Space Model,VSM),该模型认为文本特征之间是相互独立的,因而忽略其依赖性,从而以易理解的方式对文本进行简化表示:$D = \{w_1, w_2, \cdots, w_n\}$,其中 w_k 是文档 D 的第 k 个文本特征词,$1 \leqslant k \leqslant n$。两个文档 D_1 和 D_2 之间内容的相似度 $\text{Sim}(D_1, D_2)$ 可以通过计算文档向量之间的相似性来获得,一般用余弦距离作为相似性的度量方式。

(4)文本特征选择。文本特征提取后形成的文本特征库通常包含数量巨大且冗余度较高的词,如果在这样的文本特征库上进行文本挖掘,效率无疑是低下的,为此,需要在文本特征提取的基础上进行文本特征选择,以便选择出冗余度低又较具代表性的文本特征集。常用的文本特征选择方法有文档频(DF)、互信息(Mutual Information,MI)、信息增益(Information Gain,IG)等[32~35],其中应用较多、效果最好的是信息增益法。

（5）模式或知识挖掘。经过文本特征选择之后，就可根据具体的挖掘任务进行模式或知识的挖掘。常用的文本挖掘任务有文本结构分析、文本摘要、文本分类、文本聚类、文本关联分析、分布分析和趋势预测等。

（6）结果评价。为了客观地评价所获得的模式或知识，需要对它们进行评价。现在有很多评价方法，比较常用的有准确率（Precision）和召回率（Recall）。

准确率是在全部参与分类的文本中，与人工分类结果吻合的文本所占的比率。其数学公式表示如下[36]：

准确率＝被正确分类的文本数/实际参与分类的文本数

召回率是在人工分类结果应有的文本中，与分类系统吻合的文本所占的比率，其数学公式表示如下[36]：

召回率＝被正确分类的文本数/ 应有文本数

对所获取的模式或知识评价，若评价结果满足一定的要求，则保存该模式或知识评价，否则返回以前的某个环节进行分析改进后进行新一轮的挖掘工作。

（7）知识或模式输出。这个阶段主要是输出与具体挖掘任务有关的最终结果。

1.5　本书所研究的核心技术

在文本挖掘过程中，首先对文本进行预处理，预处理技术主要包括 Stemming（英文）/分词（中文）、文本特征提取和文本表示，然后进行文本特征选择，紧接着进行挖掘任务、模式或知识评价输出。在这个过程中，文本特征选择是进行后续文本挖掘任务的基础技术，文本分类、文本聚类、文本关联分析是文本挖掘最基本也是最常用的核心技术。这四种技术在国外研究得比较多，但都是基于英文环境的。在国内也有少数单位从事中文文本挖掘的研究，如南京大学的王继成等人就进行了信息挖掘的技术研究[25]；中国人民大学的吴哲等人则进行了基于简单事件框架的文本分类研究[37]；四川大学的唐常杰与他的学生进行了基于自然语言理解技术的 Web 文件分类研究，能对股票文档进行简单的正反例判别上升和下降[38]等。本书就对这四种技术进行研究。

1.5.1　文本特征选择

文本特征选择就是从原始的文本特征集中选择出较具代表性、冗余度较低的文本特征子集的过程。本书是以经典的向量空间模型为基础对文本挖掘进行研究的，当文本集经过文本特征抽取并用空间向量表示之后，其向量往往会达到数万维，如此高维数的文本特征集对后续的文本挖掘任务，如文本分类是很不利的，不仅大大限制了分类算法的选择，降低了分类算法的性能，影响了分类器的设计，还增加了机器的学习时间，为此需要进行文本特征选择以避免"维数灾难"。

在文本特征选择过程中，通常是设计一个文本特征评价函数，然后计算每个文本特征的评价值，如果这个评价值高于给定的阈值，则选择该文本特征，否则放弃不用。对于文本特征选择，国外在这方面研究得比较多，尤其是用于文本分类的文本特征选择，国内主要是在国外技术的基础上研究适用于中文文本集的文本特征选择，本书在第 2 章将继续研究这一问题。

1.5.2　文本分类

文本分类是文本挖掘中一种最常用最重要的技术，它是一种有监督机器学习技术，主要让机器记住一个分类模型并利用该模型给未知类别的文本分配一个或多个预先给定的类别，从而以较高的准确率来加快检索或查询的速度。这样，用户不但能够方便地浏览文档，而且可以限制搜索范围来使文档的搜索更容易、快捷。

近年来，随着互联网技术的发展和普及，文本信息积累得越来越多，使得文本分类成为文本挖掘中的一个研究热点，出现了许多分类算法，不过，这些算法大多适用于英文文本分类，如基于案例的推理、K-最临近、基于中心点的分类方法等，但也有少量适用于中文文本分类的算法，如向量空间模型、朴素贝叶斯分类等。本书第 3 章将继续研究适用于中文文本分类的算法。

1.5.3　文本聚类

文本分类的目的是将未知类别的文档归入预定义的类中，而文本聚类是一种无监督机器学习技术，没有预先定义的类别，目的是将文档集划分成若干个簇，要求同一簇内文档的内容尽可能相似，而不同簇间的尽可能不相似。这样看来，它们的目的基本上是一致的，只是实现的方法不同。

文本聚类也是文本挖掘中的一个研究热点，近年来出现了许多文本聚类算法，这些算法大致分为两类：层次凝聚法，该类以 G-HAC 算法为代表；平面划分法，该类以 K-means 算法为代表。由于传统文本聚类算法在搜索样本空间时具有一定的盲目性，所以它们在处理高维和海量文本数据时的效率不是很高。本书将在第 4 章继续研究这一问题。

1.5.4　文本关联分析

传统关联分析的目的就是发现特征之间或数据之间相互依赖的关系，其中，最早被研究的是关联规则挖掘。关联规则挖掘一般包括两个主要步骤：第一个步骤是挖掘频繁项集，第二个步骤是根据频繁项集生成关联规则。在这两个步骤中，第一个步骤是关联规则挖掘的关键，它决定了关联规则挖掘的整体性能，因此，现有的研究都集中在第一个步骤，也就是频繁项集挖掘上。

在文本关联分析中，研究较多的是文本关联规则挖掘，其研究的重点也是频繁项集的挖掘。通常在文本集上产生的频繁项集数量巨大，相应地，产生的规则数量也十分巨大，但是有用的规则很少。由此可见，在给定的文本集上挖掘出适合需要的频繁项集是一个研究难点与热点，本书将在第5章继续研究这一问题。

1.6　相关粗糙集基础知识

粗糙集(Rough Sets，RS)理论[39~41]是由 Z. Pawlak 在 20 世纪 80 年代初提出来的一种新的处理不精确、不相容、不完全和不确定知识的软计算工具，经典论文 Rough Sets[39]的发表标志着粗糙集理论的诞生。粗糙集从新的角度对知识进行了定义，把知识看作关于论域的划分，从而认为知识是具有粒度(granularity)的，知识的不精确性是由知识的颗粒大小引起的。粗糙集理论的主要思想就是在保持分类能力不变的前提下，通过知识约简，导出问题的决策或分类规则。粗糙集理论从诞生起就引起了众多数学家、逻辑学家、计算机研究人员、人工智能研究人员的注意，现已被广泛应用于数据挖掘、机器学习、决策分析、过程控制、数据分析、人工智能等领域[42~46]。

由于篇幅有限，下面仅介绍一些与本书紧密相关的知识，其他请参阅文献[47]。

1.6.1　粗糙集的基本概念

信息系统是粗糙集用来表达将要处理的知识的工具，是对客观对象的描述和罗列，表达的是说明性的知识。

定义 1.5(信息系统)[47]　S 可以表示为 $S = \langle U, R, V, f \rangle$，其中 U 为非空有限对象集合；$R = C \cup D$ 是属性集合，C 为条件属性集，D 为决策属性集；$V = \bigcup_{r \in R} V_r$ 是属性值的集合，V_r 表示属性 r 的值域；$f: U \times R \to V$ 是一个映射函数，它指定

U 中每一个对象 X 的属性值。信息系统也可用二维表来表示，称为决策表，其中行代表对象 x_i，列代表属性 r，$r(x_i)$ 表示第 i 个对象在属性 r 上的取值。

定义[47]**1.6**　论域中的等价关系是不可区分的元素集合。对于子集 X，$Y \subseteq U$，若根据关系 R，X 和 Y 不可分辨时，称为 $IND(R)$，它代表子集 X 和子集 Y 都属于 R 中的一个范畴，可以表示为：$[X]_R = U \mid R = U \mid IND(R)$。$U \mid C$ 和 $U \mid D$ 分别表示以 C 和 D 为关系对论域 U 所划分的等价类的集合。

定义[47]**1.7**　设集合 $X \subseteq U$ 为域的任一子集，R 是 U 上的等价关系，则分别称：

$R\_X = \{x \in U : [x]_R \subseteq X\}$ 和 $R^- X = \{x \in U : [x]_R \cap X \neq \emptyset\}$ 为 X 的 R 下近似和 X 的 R 上近似；$BN_R = R^- X - R\_X$ 称为 X 的 R 边界；$POS_R(X) = R\_X$ 称为 X 的 R 正域；$NEG_R(X) = U - R^- X$ 称为 X 的 R 负域。

如果 $BN_R(X) \neq \emptyset$，即 $R^- X \neq R\_X$，也就意味着 X 不能通过 R 的等价类精确地被描述，也即 X 不能用现有的知识（或关系）进行完全地表示，此时称 X 为粗糙的，反之称 X 为精确的。R_X 包含了所有使用知识 R 可确切分类到 X 中的元素，$R^- X$ 包含了所有那些可能属于 X 的元素，而 $BN_R(X)$ 则由不能肯定分类到 X 或其补集中的元素组成。

1.6.2　知识约简

知识约简是 Rough Set 理论的核心内容之一[48,49]。所谓知识约简，就是在保持知识库的分类或决策能力不变的条件下，删除其中不相关或不重要的知识，导出问题的决策或分类规则，它包括属性约简和属性值约简。

目前，在信息系统中信息主要在两个方向增长：一个是横向，一个是纵向。横向是指属性字段数目的不断增加，纵向是指记录数目的不断增加。在粗糙集理论中，对信息系统的横向约简为属性约简，纵向约简为属性值约简。随着数据库中数据量的不断增加，属性约简相对于属性值约简将变得更加有效。基于 Rough Set 理论的知识获取，主要是在保持信息系统的决策属性和条件属性之间的依赖关系不发生变化的前提下对原始信息表进行约简。

1.6.2.1　属性约简

属性约简就是在保持条件属性相对于决策属性的分类能力不变的条件下，删除其中冗余的或不重要的条件属性。通常来说，一个决策表的属性约简并不是唯一的，也即对于同一个决策表可能存在多个相对属性约简，人们往往希望找到具有最少条件属性的约简，也就是最小约简。然而，Wong SKM 和 Ziarko 已经研究证明：获取一个决策表的最小约简是 NP-hard 问题，产生 NP-hard 问题的主要原因是属性间存在组合爆炸[50,51]。

属性约简中存在两个基本概念：约简（reduct）和核（core）。通俗地讲，这里所说的约简就是指所要描述的知识的本质部分，它足以把所描述的知识中所遇到的所有基本概念都清晰地加以定义，而核是其中最重要的部分。

定义[47] **1.8**　设 R 是 U 上的等价关系，且 $r \in R$，若 $IND(R) = IND(R - \{r\})$，则称 r 为 R 中可省略的，否则就是不可省略的。如果 R 中的所有元素都不可省略，则 R 是独立的，否则称 R 为依赖的或非独立的。

在用属性集 R 来表达信息系统时，如果 R 为独立的，则意味着属性集中的属性是必不可少的，它独立构成一组信息系统的分类知识的特征。

定理[47] **1.1**　设 R 是独立的，若存在属性子集 $P \subset R$，则 P 也是独立的。

定义[47] **1.9**　对于属性子集 $P \subset R$，若存在 $Q = P - r$，且 $Q \subset P$，使得 $IND(Q) = IND(P)$，且 Q 为最小子集，则称 Q 为 P 的约简，用 $red(P)$ 表示。

一个属性集可能有多种约简。根据约简，可以将一个信息系统中不相关的信息过滤掉，减少其中的噪声，这有助于提高分类的效率和准确率。

定理[47] **1.2**　P 中所有约简中都包含不可省略的属性集合，这些属性集合的交集称为 P 的核，记作 $core(P)$，也即 $core(P) = \bigcap red(P)$。

核是信息系统中最本质最核心的重要属性集。从定理1.2中可以看出，核有两个意义：①它可以作为获取所有约简的起点，因为核存在于每一个约简中，并且其计算是直接的；②它是信息系统中最重要属性的集合，进行属性约简时不能将它删除，但核集可能为空集。

在现实中，分类之间的关系十分重要，为此引入信息系统的相对约简和相对核。下面先介绍与它们紧密相关的正域。

定义[47] **1.10**　设 P 和 Q 是 U 上的等价关系，称 $POS_P(Q)$ 为 Q 的 P 正域，其定义为：

$$POS_P(Q) = \bigcup_{X \in U/Q} P\_X$$

式中，U/Q 表示 Q 在 U 上的所有等价关系构成的集合。$POS_P(Q)$ 是 U 上的那些被 U/P 所表达的而且能够被正确地包含于 U/Q 的对象的集合。

定义[47] **1.11**　设 P 和 Q 是 U 上的等价关系，且有 $p \in P$，如果有 $POS_{P-\{p\}}(Q) = POS_P(Q)$，则称 p 在 P 中是 Q 可省略的，否则称 p 在 P 中是 Q 不可省略的；如果 P 中的每个关系都是 Q 不可省略的，则称 P 是 Q 独立的，否则就称为依赖的。

定义[47] **1.12**　对于 $R \subseteq P$，当且仅当满足下面的条件时：

(1) $POS_R(Q) = POS_P(Q)$。

(2) $\forall S \subset R$, $POS_S(O) \neq POS_P(Q)$, 称为 P 的 Q 约简, 记为 $red_Q(P)$。

所有 P 的 Q 约简的交集, 称为 P 的 Q 核, 记为 $core_Q(P)$。

属性约简的目的[52]就是从原始条件属性集中挑选出部分必要的条件属性, 这些被挑选出的条件属性与所有原始条件属性相比, 对于决策属性的分类能力是相同的。属性约简的步骤如下:

(1)根据某个所设定的条件, 从决策表中消去某些列。

(2)消去相同的行。

(3)消去属性的冗余值。

在实际应用中, 计算属性约简的时候, 往往采用某种启发式算法, 如基于属性重要性的属性约简算法、基于互信息的属性约简算法、基于辨识矩阵的属性约简算法、基于属性频度的属性约简算法等。在具体应用中, 这几种算法各有优劣, 应该根据具体的问题来确定具体的算法。

1.6.2.2 属性值约简

属性约简是从决策表中挑选出对决策分类起作用的属性, 但是没有完全去掉决策表中的冗余信息, 还需要进一步对决策表进行处理, 这就是决策表的值约简问题, 值约简是在属性约简的基础上对决策表的进一步简化[53]。

定义[47]1.13 令 $m=|C|$, $l=|D|$, $n=|U|$, 用 p_{is} 表示一个对象在条件属性 $p_i(p_i \in C$, $i=1, 2, \cdots, m)$的取值为 s; 用 q_{jv} 表示一个对象在决策属性 $q_j(q_j \in D$, $j=1, 2, \cdots, l)$的取值为 v。

定义[47]1.14 决策表中有关条件属性集 C 和决策属性集 D 的一个规则就可以表示为 $\alpha \rightarrow \beta$, 其中 $\alpha \in C$ 称为规则的前提, $\beta \in D$ 称为规则的结论, 称 $\alpha \rightarrow \beta$ 为一个 CD-规则(决策规则)。

定义[47]1.15 当且仅当对任何 CD-规则 $\alpha' \rightarrow \beta'$, $\alpha = \alpha'$, 必蕴含 $\beta = \beta'$, 此时决策表中的 CD-规则 $\alpha \rightarrow \beta$ 是一致的。如果决策表中的所有决策规则都是一致的, 则决策表才是一致的, 否则决策表是不一致的。

定义[47]1.16 设 $\alpha \rightarrow \beta$ 是一个决策规则, α 中的一个条件属性值 p_{is} 是可去除的, 当且仅当 $(\alpha - \{p_{is}\}) \rightarrow \beta$ 是一致的, 否则该属性值为不可去除。

定义[47]1.17 若规则 $\alpha \rightarrow \beta$ 中的所有属性值 p_{is} 都不可去除, 则称规则 $\alpha \rightarrow \beta$ 独立, 否则为依赖的。

定义[47]1.18 将规则 $\alpha \rightarrow \beta$ 中所有不可去除的属性值的集合称作规则的核, 记为 $core(\alpha \rightarrow \beta)$。

定义[47]1.19 若规则 $(\alpha - \{p_{is}\}) \rightarrow \beta$ 是独立且一致的, 称规则 $(\alpha - \{p_{is}\}) \rightarrow \beta$ 是规则 $\alpha \rightarrow \beta$ 的一个约简, 记作 $red(\alpha \rightarrow \beta)$。

规则的核等于规则所有约简的交集，即有 $core\ (\alpha\rightarrow\beta)=\bigcap red\ (\alpha\rightarrow\beta)$。

在决策表中，任一决策规则由它的规则前件的各个条件属性的具体取值决定，而在规则前件的众多条件属性值中，有些属性值可能是冗余的，对该规则的分类归属不起决定作用的属性值应该找到并加以删除，这就是属性值约简所要解决的问题。

经过属性约简后，此时的决策表实际上是一个规则集合，对于这个规则集合中的每条规则，可以按这个过程来简化：对于该规则中的任意条件属性，如果去掉该条件属性，决策表还是一致的，则可以从该规则中去掉该条件属性。经过这样的处理后，规则集合中的所有规则都不含有冗余条件属性，也就是说，规则中的条件属性数目被尽可能减少了，规则的适应性更强了。但是，从这个简化过程可以看出属性值约简算法的实现存在随机性，如果规则的处理顺序不同，或者处理规则中的条件属性的顺序不同，属性值约简的结果也不同，得到的规则集合也会有所不同。通常用一些启发值算法来指导这一过程的进行。

1.7　本书的组织结构、主要工作和创新点

本书共分 6 章，第 1 章为绪论，第 6 章为总结与展望，第 2 章到第 5 章为本书的主要研究内容、成果和创新点，其中：

第 1 章　绪论

首先介绍了文本挖掘的研究背景、研究意义、研究现状和研究难点，然后对文本挖掘进行了综述，紧接着阐述了本书要研究的核心技术，最后简单介绍了粗糙集基本理论，以便为后续章节打下基础。

第 2 章　文本特征选择

首先阐述了文本特征选择过程中的主要概念；然后简单介绍了常用的文本特征选择方法并总结了它们的不足；紧接着提出了优化的文档频、文本特征辨别能力、类内集中度、位置重要性、同义词处理方法等概念；最后给出了三种新的文本特征选择方法：基于综合启发式的文本特征选择方法、基于差别对象对集的文本特征选择方法、基于二进制可辨矩阵的文本特征选择方法。实验结果表明，在微平均和宏平均方面，这三种方法比三种经典的文本特征选择方法，即互信息、x^2 统计量及信息增益都要好，并且前一种方法优于后两种方法。

第 3 章　文本分类

首先介绍了文本分类的定义、几种主要的文本分类方法，然后在分类中引

入了粗糙集理论，利用粗糙集理论进行规则提取，并用新的基于辨识集的属性约简算法和基于规则综合质量的属性值约简算法对规则进行约简，从而获得较简化的规则集。实验结果表明，其生成的规则属性较少，分类准确率和召回率都较高。

针对传统 ID3 算法倾向于选择取值较多的属性的缺点，首先引进了粗糙集的属性重要性来改进 ID3 算法，然后再进一步根据 ID3 算法中信息增益的计算特点，利用凸函数的性质来简化 ID3 算法，从而减少了信息增益的计算量，进而提高了 ID3 算法中信息增益的计算效率。实验证明，优化的 ID3 算法与原 ID3 算法相比，在构造决策树时还具有较高的准确率和更快的计算速度，并且构造的决策树还具有较少的平均叶子数。

第 4 章　文本聚类

文本聚类是文本挖掘的主要任务之一，本章首先介绍了文本聚类的概念、主要聚类算法；然后再针对 K-Means 算法以及它的变种会因初始聚类中心的随机性而产生波动性较大的聚类结果这个问题，使用改进的模拟退火算法来优化初始中心，得到一种适合对文本数据进行聚类分析的算法。该算法把改进的模拟退火算法和 K-Means 算法结合在一起，从而达到既能发挥模拟退火算法的全局寻优能力，又可以兼顾 K-Means 算法的局部寻优能力，较好地克服了 K-Means 算法对初始聚类中心敏感、容易陷入局部最优的不足。实验表明，该算法不但生成的聚类结果质量较高，而且其波动性较小。

由于缺乏类信息，文本聚类中无监督文本特征选择问题一直很难较好地被加以解决，为此，本书对该问题进行了研究并提出了两种新的无监督文本特征选择方法：①结合文档频和 K-Means 的无监督文本特征选择方法。该方法着重使用分类领域的有监督文本特征选择方法来解决文本聚类领域的无监督文本特征选择问题。②结合新型的无监督文档频和基于论域划分的无决策属性的决策表属性约简算法的无监督文本特征选择方法。该方法首先使用所提出的新型的无监督文档频进行文本特征初选以过滤低频的噪声词，然后再使用所给的基于论域划分的无决策属性的决策表属性约简算法进行文本特征约简。实验结果表明，这两种方法在一定程度上都能够解决无监督文本特征选择问题。

第 5 章　文本关联分析

首先分析了传统关联规则中经典的 Apriori 算法和 FP-Growth 算法，总结了算法中存在的问题；然后把传统关联规则引入文本关联分析中，并分析了文本关联规则挖掘中的难点。由于最频繁项集挖掘是文本关联规则挖掘中研究的重点和难点，它决定了文本关联规则挖掘算法的性能，所以接下来分析了当前在最频繁项集挖掘方面的不足，改进了传统的倒排表并结合最小支持度阈值动态调整策略，提出了一个新的基于改进倒排表和集合理论的 Top-N 最频繁项集挖掘算法。另外，还给出了几个命题和推论，并把它们用于所提算法以提高性能。实验结果表明，所提算法的规则有效率和时间性能比常用的两个 Top-N 最频繁项集挖掘算法即 NApriori 算法和 IntvMatrix 算法都好。

第 6 章　总结与展望

这一章首先总结本书所做的工作、研究成果和创新点，然后指出了本书的不足以及需要进一步研究的问题。

第2章 文本特征选择

2.1 引　　言

目前，文本挖掘的主要任务，如文本分类、文本聚类以及文本关联分析，都是基于语义操作的，也都涉及如何把文档恰当地表示出来以体现出它的语义内涵。因此，决定文本挖掘任务的成功的首要因素就是文本数据的表示方法。

文本分类基本上是基于文本特征词或词串信息，其前提假设是文本特征词或词串同文档类别有十分密切的关系，而现有的文本特征选择方法主要利用统计方法选取文本特征，忽略了文本特征词本身所具有的语义内容，同时由于文档中难免包含噪声信息，如网络文档中常常存在商品广告、友情链接等信息，这都大大影响了文本分类的性能。为保证后续文本挖掘任务能够快速有效地被执行，就必须将搜集到的文本转化为适合挖掘工具处理的中间形式并筛选掉与任务不相关的冗余文本特征，这一过程就是文本特征选择。

本章首先阐述了文本特征选择过程中的主要概念；然后简单介绍了几种常用的文本特征选择方法并总结了它们的不足；紧接着提出了优化的文档频、文本特征辨别能力、类内集中度、位置重要性、同义词处理方法等；最后，在此基础上给出了三种新的文本特征选择方法：基于综合启发式的文本特征选择方法、基于差别对象对集的文本特征选择方法、基于二进制可辨矩阵的文本特征选择方法。实验结果表明，在微平均和宏平均方面，这三种方法比三种经典的文本特征选择方法，即互信息、x^2 统计量及信息增益都要好，并且前一种方法优于后两种方法。

2.2　文本表示方法

文本表示一般是指用一定数量的有代表性的文本特征词来代替文档，在文本挖掘时只需对这些文本特征词进行处理，从而实现对非结构化文本的处理，这是一个非结构化向结构化转换的处理步骤。通常来讲，文本特征词主要指的是有实际意义的名词，这有助于加强对相关文档内容的理解。对那些无实际意义的词，如助词、形容词等，一般不作为文本特征词。文本表示的构造过程就是挖掘模型的构造过程。文本表示模型有多种，常用的有布尔模型[54~56]、向量空间模型（Vector Space Model，VSM）[57,58]、概率模型[59,60]和混合模型[61]。在这四种模型的基础上，许多研究者提出了多种改进模型[62~67]，不过，由于向量空间模型简单及它的有效性，是近几年来应用较多且效果较好的模型之一[68,69]，本章就是基于这个模型来进行研究的。

由于不同的文本特征词在描述文本内容方面所起的作用可能不相同，为度量文本特征词与所描述的文本之间的相关性，引入以下概念[70~72]。

定义 2.1(文本特征词) 文本通常是由一些基本语言单位，如字、词、词组或短语等所组成的集合，这些基本的语言单位统称为文本特征词，通常把文本特征词简称为文本特征。对文本 T 可以用文本特征集表示，即 $T(T_1, T_2, T_3, \cdots, T_n)$，其中 T_k 是文本特征($1 \leqslant k \leqslant n$)。

定义 2.2(文本特征权重) 对于含有 n 个文本特征的文本 $T(T_1, T_2, T_3, \cdots, T_n)$，其中 T_k 是文本特征($1 \leqslant k \leqslant n$)，常常被赋予一定的权重 W_k，表示它在文本中的重要程度，即 $T(T_1, W_1; T_2, W_2; \cdots; T_n, W_n)$。有时在文本特征确定时，常简记为 $T(W_1, W_2, \cdots, W_n)$。

定义 2.3(向量空间模型) 给定一文本 $T = T(T_1, W_1; T_2, W_2; \cdots; T_n, W_n)$，通常文本特征 $T_k(1 \leqslant k \leqslant n)$ 在文本中是可以重复出现多次的，并且是按照一定的次序出现的，这就大大增加了对文本分析的难度。为了便于简化分析，可以暂时不考虑 T_k 在文本中出现的次序，并且认为各个文本特征是互不相同的，这样就可以把 $T_1, T_2, T_3, \cdots, T_n$ 看成一个 n 维坐标系，而 $W_1, W_2, \cdots, W_n$ 为相应的坐标值，因而 $T(W_1, W_2, \cdots, W_n)$ 被看成 n 维空间中的一个向量，称 $T(W_1, W_2, \cdots, W_n)$ 为文本 T 的向量表示。

在 VSM 中，每一篇文档都被映射成多维向量空间中的一个点，对于所有的文档类和未知文档，都可用此空间中的向量 $T(T_1, W_1; T_2, W_2; \cdots; T_n, W_n)$ 来表示，从而将文档信息的表示和匹配问题转化为向量空间中向量的表示和匹配问题来处理。

定义 2.4(文本特征向量) 在空间向量模型中，每一个文本都用一个向量来表示，其元素由文本特征词及其权重组成，该向量就称为文本特征向量。文本特征向量是文本的一个文本特征表示，在某种意义上可以完全代表该文档。

定义 2.5(文本相似度) 两个文本 T_1 和 T_2 之间的内容相关程度(Degree of Relevance)常用它们之间的相似度 $\text{Sim}(T_1, T_2)$ 来度量。当文本被表示成空间向量时，可以借助向量之间的某种距离来表示文本之间的相似程度，目前常用的相似度计算公式如下：

（1）向量之间的内积。

$$\mathrm{Sim}\,(T_1,T_2) = \sum_{k=1}^{n} W_{1k} \times W_{2k} \tag{2-1}$$

内积代数值越大，相似度越大。

（2）夹角的余弦。

$$\mathrm{Sim}(T_1,T_2) = \cos\beta = \frac{\sum\limits_{k=1}^{n} W_{1k} \times W_{2k}}{\sqrt{\sum\limits_{k=1}^{n} W_{1k}^2} \times \sqrt{\sum\limits_{k=1}^{n} W_{2k}^2}} \tag{2-2}$$

式中，W_{1k}、W_{2k} 是向量 T_1 和 T_2 中的元素。从式（2-1）和式（2-2）可以看出，对向量空间模型来说，存在两个重要因素，即文本特征的选择和文本特征的权重计算，其中文本特征的权重计算对文本分类效果影响很大[73]。

2.3　常用的文本特征权重计算方法

文本集经过适当预处理后，就得到该文本集的文本特征集。但作为一个优秀的文本特征集，必须具备以下两个特点：①完全性，文本特征词能够标识文本内容；②区分性，文本特征词具有将目标文本与其他文本区分开的能力。文本特征词是组成文本的基本元素，通常根据文本特征词在文件中是否出现、出现频率或者其他重要性度量等综合因素赋予其一定的权重，从而提取一定数目的权重较大的词条作为文本集的文本特征集。文本特征词权重综合反映了该文本特征词对标识文本内容的贡献度和文本之间的区分能力[74]。

现假设文本集的规模为 m，该文本特征集有 n 个文本特征，此时将每个文档 t 用空间向量表示出来，即 $V(t) = ((t_1，W(t)_1)，(t_2，W(t)_2)，\cdots，(t_n，W(t)_n)$，其中，$t_k(1 \leqslant k \leqslant n)$ 为文本特征集中的文本特征，$W(t)_k$ 为 t_k 在文本 t 中的权重，则常用的文本特征权重计算方法有以下几种[74]：

（1）布尔函数。

$$W_{ij} = \begin{cases} 1, & freq_{ij} \geqslant 1 \\ 0, & freq_{ij} = 0 \end{cases} \tag{2-3}$$

式中，W_{ij} 为文本 t_i 中第 j 个文本特征的权值，$freq_{ij}$ 为第 j 个文本特征在文本 t_i 中出现的次数。

（2）对数函数。

$$W_{ij} = \log(freq_{ij} + 1) \tag{2-4}$$

（3）平方根函数。

$$W_{ij} = \sqrt{freq_{ij}} \tag{2-5}$$

(4)TFIDF 函数。

$$W_{ij} = freq_{ij} \times \log_2\left(\frac{n}{docfreq_j} + 0.01\right) \tag{2-6}$$

式中，n 为文本总数，$docfreq_j$ 表示出现第 j 个文本特征的文本数目。

TFIDF 函数是基于这样一种假设而提出的：那些区分能力比较强的文本特征应该是那些在某些文档中出现频率足够高的，而在整个文档集的其他文档中出现频率足够小的词语[75]。为使得权值处于区间[0，1]中，通常将 W_{ij} 进行归一化处理，也即

$$W_{ij} = \frac{freq_{ij} \times \log_2\left(\frac{n}{docfreq_j} + 0.01\right)}{\sqrt{\sum_{k=1}^{m} freq_{kj}^2 \times \log_2^2\left(\frac{n}{docfreq_j} + 0.01\right)}} \tag{2-7}$$

(5)WIDF 函数。

$$W_{ij} = \frac{freq_{ij}}{totfreq_j} \tag{2-8}$$

式中，$totfreq_j = \sum_{i=1}^{n} freq_{ij}$，表示第 j 个文本特征在文本集 $t = \{t_1, t_2, \cdots, t_m\}$ 中出现的总次数。

(6)TF-IDF-IG 函数。

文献[74]指出，区分文档的问题可以被形式化为一个分类问题，进而可以把文本特征在文档中权重计算问题转化为文本特征在以一个文档为一类的文本分类中的权重计算问题，因此，可以引入信息论中的信息增益法来解决文本特征在各文档中分布比例对计算权重的影响问题。其计算公式如下：

$$W_{ij} = \frac{freq_{ij} \times \log_2\left(\frac{n}{docfreq_j} + 0.01\right) \times IG(t_j)}{\sqrt{\sum_{k=1}^{m} freq_{kj}^2 \times \log_2^2\left(\frac{n}{docfreq_j} + 0.01\right) \times IG^2(t_j)}} \tag{2-9}$$

(7)相对权重函数。

设文本特征词 t_j 的平均频率 $meanfreq_j = \frac{1}{m} \times \sum_{i=1}^{m} freq_{ij}$，文本特征词具有以下特点：

①若 $freq_{ij} < meanfreq_j$，则 t_j 的权重变化相对较小。

②若 $freq_{ij} > meanfreq_j$，则 t_j 的权重变化相对较小。

③若 $freq_{ij} \approx meanfreq_j$，则 t_j 的权重变化较明显。

根据以上特点，权重计算公式为：

$$W_{ij} = \frac{\arctan(freq_{ij} - mean\,freq_j) + \frac{\pi}{2}}{\pi}$$

(2-10)

2.4　文本特征选择简介

文本特征是影响文本挖掘系统性能最主要的因素，因此，关于文本特征的研究对文本挖掘具有非常重要的意义。目前对文本特征的研究主要集中在以下两个方面：

(1)文本特征抽取。获取什么类型的文本特征集，这个过程就是使用前面2.3节介绍的文本特征权重计算方法计算文本特征权重并抽取原始文本特征集。

(2)文本特征选择。面对维数巨大的原始文本特征集，如何在其中选择出对挖掘任务来说最具代表性的文本特征子集的过程，这是本章研究的重点。

2.4.1　文本特征选择的定义

文本特征选择是指按照一定的规则从原始文本特征集中选择出较具代表性的文本特征子集的过程[76]。从这个定义上可以看出，文本特征选择是一个搜索过程，也即从原始的文本特征空间中搜索出一个最优的子空间的过程。被选择的文本特征子空间的维数通常远远小于原始空间的维数，并且它还能在较高的层次(如语义层次)上更好地表征原始数据的分布，以能够更好地把数据进行分类或者聚类。

2.4.2　文本特征选择的意义

在文本分类中，使用文本特征抽取方法得到的原始文本特征集规模很大，从而使得采用向量空间模型表示文本时，文本向量的维数常常高达数万维[77~79]。从理论上讲，文本特征集中文本特征越多，越能更好地表示文本，但实践证明并非总是如此。如此高维的文本特征集对后续的文本分类过程未必全是重要的、有益的，它会大大增加文本分类的计算开销，使整个处理过程的效率非常低下，而且可能仅仅产生与小得多的文本特征子集相似的挖掘结果，并且巨大的文本特征空间将导致此后的文本分类过程耗费更多的时间和空间资源。因此，必须对文本集的文本特征集做进一步净化处理，在保持原文含义的基础上，从原始文本特征集中找出最能反映文本内容又比较简洁的、较具代表性的文本特征子集。此外，文本特征选择在一定程度上能够消除噪声词语，使文本之间的相似度更高，既能提高语义上相关的文本之间的相似度，同时也能降低语义上不相关的文本之间的相似度。

2.4.3 常用的文本特征选择方法

可以把文本特征选择问题当作一个优化问题，其搜索空间是所有可能的文本特征子集。假如原始文本特征集的规模为 N ，所要选取的文本特征子集的规模为 M ，则搜索空间的规模为 $\sum_{M=0}^{N} C_N^M = (1+1)^N = 2^N$ ，这个搜索空间极其巨大，使用穷尽搜索是不现实的，必须使用启发式搜索。

因为现有机器学习中的特征选择算法只能处理数目较少的文本特征，而在文本挖掘中文本特征数目成千上万，所以机器学习中所使用的特征选择方法并不都适用于文本特征选择。在这种情况下，一般利用特征独立性假设对问题进行简化，其目的在于以质量来换取时间，因此，大多数用于文本的文本特征选择方法同机器学习的特征选择方法相比较为简单。

在文本分类中，文本特征选择方法一般是利用设定的文本特征评估函数对每个原始文本特征进行评估并计算其得分，选取一定数目分值高的文本特征组成文本特征子集，其基本过程是：

(1)初始情况下，初始文本特征集包含所有原始文本特征。

(2)计算文本特征集中每个文本特征的评估函数值。

(3)按文本特征评估函数值的大小排序文本特征。

(4)选取前 k 个文本特征(k 是所要选取的文本特征数)作为文本特征子集。

目前，对于选择多少个文本特征(也即 k 的取值问题)还没有很好的方法确定。如果 k 初始值设置太高就会选择较多的文本特征，其冗余度也较高，从而降低文本挖掘的质量；如果 k 值设置过低，则许多与文本内容高度相关的文本特征就会被过滤掉，也会影响文本挖掘的质量。一般做法是先给定个初始值，然后根据实验测试和统计结果调整 k 值。

(5)根据选取的文本特征子集，进行文本向量维数压缩，简化文本向量的表示。

对文本特征选择，主要有两类方法[80~82]：一类是独立评估方法，该方法主要是构造一个文本特征评价函数，对文本特征集中的每个文本特征进行独立评估，让每个文本特征都获得一个权值，然后按权值大小排序，根据权阈值或预定的文本特征数目选取最佳文本特征子集；另一类是综合评估方法，该方法则是从高维的、彼此间不独立的原始文本特征集找出较少的描述这些文本特征的综合性指标。

本章主要研究独立评估方法，这类文本特征选择方法很多，常用的有信息增益、交叉熵、互信息、词频法、文档频法、x^2 统计量、证据权值、$Fisher$ 判别式等[83~95]。下面简单介绍一下这几种方法。

2.4.3.1　信息增益

信息增益是一种在机器学习领域应用较为广泛的特征选择方法，它从信息论角度出发，根据各个特征取值情况来划分学习样本空间时所获信息增益的多寡来选择相应的特征。信息增益表示文本中包含某一文本特征时文本类的平均信息量，定义为该文本特征在文本中出现前后的信息熵之差来表示该文本特征的权重。其评价函数为：

$$IG(t) = -\sum_{i=1}^{m} p(c_i) \log p(c_i) + p(t) \sum_{i=1}^{m} p(c_i \mid t) \log p(c_i \mid t) +$$

$$p(\bar{t}) \sum_{i=1}^{m} p(c_i \mid \bar{t}) \log p(c_i \mid \bar{t})$$

$$= \sum_{i=1}^{m} p(c_i \mid t) \log \frac{p(c_i \mid t)}{p(c_i) p(t)} + \sum_{i=1}^{m} p(c_i \mid \bar{t}) \log \frac{p(c_i \mid \bar{t})}{p(c_i) p(\bar{t})} \qquad (2\text{-}11)$$

式中，m 为类别总数，c_i 代表一个类，t 为一个文本特征，$p(t)$ 代表文本特征 t 出现的概率，$p(c_i)$ 代表类别为 c_i 的概率，$p(c_i \mid t)$ 和 $p(c_i \mid \bar{t})$ 分别代表文本特征 t 出现与否的条件下类 c_i 出现的概率。

信息增益的不足之处在于，它既考虑了文本特征出现的情况，又考虑了文本特征未出现的情况，也就是说，即使一个文本特征词不出现在文本中也可能对判断这个文本特征的归属类有所帮助，不过这种帮助同其所带来的贡献相比要小得多。尤其是在各类别训练样本分布十分不均衡的情况下，属于某些类的文本特征词占全部文本特征词的比例很小，较大比例的文本特征词在这些类别中是不存在的，也就是此时的信息增益中文本特征不出现的部分占绝大多数，这将导致信息增益的效果大大降低。

2.4.3.2　交叉熵

交叉熵(Cross Entropy，CE)反映了文本类别的概率分布和在出现某个特定词的条件下文本类别的概率分布之间的距离，文本特征词的交叉熵越大，对文本类别分布的影响也越大。其计算公式如下：

$$CE(t) = \sum_{i=1}^{m} p(c_i \mid t) \log \frac{p(c_i \mid t)}{p(c_i) p(t)} \qquad (2\text{-}12)$$

式中，m 为类别总数，c_i 代表一个类，t 为一个文本特征，$p(t)$ 代表文本特征 t 出现的概率，$p(c_i)$ 代表类别为 c_i 的概率，$p(c_i \mid t)$ 代表文本特征 t 出现的条件下类 c_i 出现的概率。

交叉熵与信息增益相似，它与信息增益唯一的不同之处在于没有考虑单词未发生的情况。所以，在文本特征选择时，交叉熵法的精度始终优于信息增益法。

2.4.3.3 互信息

在统计学中，互信息常用于表征两个变量的相关性，被用作文本特征相关的统计模型及其相关应用的标准。其计算公式如下：

$$MI(t,c) = \sum_{i=1}^{m} \log \frac{p(c_i \mid t)}{p(t)} \qquad (2-13)$$

式中，m 为类别总数，c_i 代表一个类，t 为一个文本特征，$p(c_i \mid t)$ 表示文本特征 t 在 c_i 类文档中出现的概率，$p(t)$ 表示 t 在整个文档集中出现的概率。

互信息的不足之处在于，它受临界文本特征的概率影响较大，从式(2-13)可以看出，当两个文本特征的 $p(c_i \mid t)$ 值相等时，$p(t)$ 小的互信息值就较大，从而使得概率相差太大的文本特征互信息值不具有可比性。它与交叉熵的本质不同在于它没有考虑单词发生的频度，这是互信息一个很大的缺点，因为它造成了互信息评估函数经常倾向于选择稀有单词。在一些文本特征词选择算法的研究中发现，如果用互信息进行文本特征选择，它的精度极低（只有约 30.06%），原因是它删掉了很多高频的有用单词。

2.4.3.4 词频法

词频法（Word Frequency，WF）选择文本特征时仅考虑文本特征在文档集中出现的次数，如果某个文本特征在文档集中出现的次数达到一个事先给定的阈值，则留下该文本特征，否则删除。如果用词频（WF）计算文本特征评估函数中的概率，则评估函数中用到的概率公式计算方法为：

$$P(c) = \frac{|c|}{|D|} \qquad (2-14)$$

$$P(f) = \frac{WF(f, D)}{|D|} \qquad (2-15)$$

$$P(\overline{f}) = \frac{WF(\overline{f}, D)}{|D|} \qquad (2-16)$$

$$P(c \mid f) = \frac{WF(f, c)}{WF(f, D)} \qquad (2-17)$$

$$P(c \mid \overline{f}) = \frac{WF(\overline{f}, c)}{WF(\overline{f}, D)} \qquad (2-18)$$

式中，$WF(f, c)$ 表示文本特征 f 在 c 类文档中出现的次数，$WF(\overline{f}, c)$ 表示在 c 类文档中非文本特征 f 出现的次数，$WF(f, D)$ 表示文本特征 f 在整个文档集 D

中出现的次数，$WF(\overline{f}, D)$ 表示在整个文档集 D 中非文本特征 f 出现的次数，$|c|$ 表示 c 类文档数，$|D|$ 表示整个文档集的文档数。将式(2-14)～式(2-18)代入互信息方法或其他方法中就形成了基于词频的方法。

词频法的缺点在于，它仅选择出现频繁的词作为文本特征而忽略了出现频率较低的词。

2.4.3.5 文档频法

文档频法选择文本特征时仅考虑文本特征所在的文档数，如果某个文本特征在文本集中所在的文档数达到一个事先给定的阈值，则留下该文本特征，否则删除。如果用文档频(DF)计算文本特征评估函数中的概率，则评估函数中用到的概率公式计算方法为：

$$P(c) = \frac{|c|}{|D|} \tag{2-19}$$

$$P(f) = \frac{DF(f, D)}{|D|} \tag{2-20}$$

$$P(\overline{f}) = \frac{DF(\overline{f}, D)}{|D|} \tag{2-21}$$

$$P(c \mid f) = \frac{DF(f, c)}{DF(f, D)} \tag{2-22}$$

$$P(c \mid \overline{f}) = \frac{DF(\overline{f}, c)}{DF(\overline{f}, D)} \tag{2-23}$$

式中，$DF(f, c)$ 表示在 c 类文档中出现文本特征 f 的文档数，$DF(\overline{f}, c)$ 表示在 c 类文档中没有出现文本特征 f 的文档数，$DF(f, D)$ 表示在整个文档集 D 中出现文本特征 f 的文档数，$DF(\overline{f}, D)$ 表示在整个文档集 D 中没有出现文本特征 f 的文档数，$|c|$ 表示 c 类文档数，$|D|$ 表示整个文档集的文档数。将式(2-19)～式(2-23)代入互信息方法或其他方法中就形成了基于文档频的方法。

文档频法的缺点在于，它只考虑文本特征词在文档中出现与否，并不考虑文本特征在文档中出现的次数。这样就产生了一个问题：如果文本特征词 a 和 b 的文档频相同，那么该方法认为这两个文本特征词的贡献是相同的，而忽略了它们在文档中出现的次数。但是，通常情况是文档中仅出现次数较少的词是噪声词，这样就导致该方法所选择的文本特征不具有代表性。文档频法最大的优点就是速度特别快，它的时间复杂度与文本规模呈线性关系，非常适用于超大规模文本集的文本特征选择。

2.4.3.6 x^2 统计量(CHI)

在统计学中，x^2 统计量(CHI)用于检验两个变量的独立性，也用于表征两个变量间的相关性。它同时考虑了特征出现与不出现的情况,因此要比互信息更强。对于特征词 t 和类 c,其 x^2 统计量计算公式为:

$$x^2(t, c) = \frac{p(t, c)p(\bar{t}, \bar{c}) - p(\bar{t}, c)p(t, \bar{c})}{p(c)p(t)p(\bar{c})p(\bar{t})} \tag{2-24}$$

显然, x^2 值越大,特征词 t 与类别 c 的相关性就越强,这就表明该特征词是标识类的重要特征。CHI 的缺点是它对低频词的测量不一定准确。

2.4.3.7 证据权值

证据权值(Weight of Evidence,WE)反映的是类概率与在给定某一特征值下的类概率的差,其计算公式如下:

$$WE(t) = \sum_{i=1}^{m} p(c_i)p(t) \left| \log\left[\frac{odds(c_i \mid t)}{odds(c_i)} \right] \right| \tag{2-25}$$

其中

$$odds(t) = \begin{cases} \dfrac{1/n^2}{1 - 1/n^2}, & p(t) = 0 \\[2mm] \dfrac{1 - 1/n^2}{1/n^2}, & p(t) = 1 \\[2mm] \dfrac{p(t)}{1 - p(t)}, & p(t) \neq 0 \wedge p(t) \neq 1 \end{cases} \tag{2-26}$$

式中, n 代表训练文本集的规模。

2.4.3.8 *Fisher* 判别式

Fisher 判别式也是一种基于统计的方法,表示特征的类间分布和类内分布之比:

$$Fisher(t) = \frac{\sum_{c_1, c_2} \left[\mu(c_1, t) - \mu(c_2, t) \right]^2}{\sum_c \dfrac{1}{|c|} \left\{ \sum_{d \in c} \left[\chi(d, t) - \mu(c, t) \right]^2 \right\}} \tag{2-27}$$

式中, $\mu(c, t) = \dfrac{1}{|c|} \sum_{d \in c} \chi(d, t)$, $\chi(d, t) = \dfrac{f(d, t)}{f(d)}$, $f(d, t)$ 和 $f(d)$ 分别表示特征 t 在文档 d 中的频数和总的特征频数。

其他常用的文本特征选择函数还有主成分分析(PCA)、几率比(OR)、类别区分词(CDW)、单词权(Term Strength)等。由于篇幅有限,这里就不一一赘述了。

2.5　所提的文本特征选择方法

经过仔细分析发现,上面提到的几种文本特征选择方法存在以下不足:在选择文本特征时，它们仅依靠权重作为选择的标准，而没有充分地考虑文本特征词在类之间、类内文档之间的分布特性以及文本特征词之间的潜在关系，从而使得选出的文本特征子集存在大量冗余，并不具备较好的代表性。

为了解决上述问题，本章提出了三种新的文本特征选择方法，以期提高文本特征选择的准确性，从而为文本分类提供较具代表性的文本特征集，进而提高文本分类的时空效率和性能。此项研究工作是目前文本挖掘研究领域的重要课题，既具有一定的实际意义，又具有较强的理论意义，并且有利于推动该研究领域的发展，丰富该学术领域的研究。

2.5.1 基于综合启发式的文本特征选择方法

文本特征词的重要性不仅与它在文档中是否出现以及出现的次数有关，而且与它在文档中的位置、它与类别的相关程度以及在类内的分布情况也有很大关系，为此，本章对文本特征词进行综合考虑，提出了一种基于综合启发式的文本特征选择方法[91]。为了描述该方法，首先给出以下文本特征词重要性度量。

2.5.1.1 优化的文档频

通过分析词频法和文档频法发现，词频法的优点可以弥补文档频法的缺点，而文档频法的优点也可以弥补词频法的缺点。因此，把这两种方法结合起来使用可以获得较好的效果，为此提出了一个优化的文档频，该文档频既考虑了文本特征出现的文档数，又考虑了文本特征在文档中出现的次数。

定义 2.6(优化的文档频) 文本特征 f 优化的文档频是指出现文本特征 f 的频率达到一定次数的文档数，记为 $Optimized\text{-}DF_n$，其中 n 为文本特征词在文档中至少出现的频率。

如果用优化的文档频 $Optimized\text{-}DF_n$ 计算文本特征评估函数中的概率，则评估函数中用到的概率公式计算方法为：

$$P(c) = \frac{|c|}{|D|} \tag{2-28}$$

$$P(f) = \frac{Optimized\text{-}DF_n(f, D)}{|D|} \tag{2-29}$$

$$P(\overline{f}) = \frac{Optimized\text{-}DF_n(\overline{f}, D)}{|D|} \tag{2-30}$$

$$P(c \mid f) = \frac{Optimized\text{-}DF_n(f, c)}{Optimized\text{-}DF_n(f, D)} \tag{2-31}$$

$$P(c \mid \overline{f}) = \frac{Optimized\text{-}DF_n(\overline{f}, c)}{Optimized\text{-}DF_n(\overline{f}, D)} \tag{2-32}$$

式中，$Optimized\text{-}DF_n(f,c)$ 表示在 c 类文档中文本特征 f 至少出现 n 次的文档数，$Optimized\text{-}DF_n(\overline{f},c)$ 表示在 c 类文档中文本特征 f 出现少于 n 次的文档数，$Optimized\text{-}DF_n(f,D)$ 表示在整个文档集 D 中文本特征 f 至少出现 n 次的文档数，$Optimized\text{-}DF_n(\overline{f},D)$ 表示在整个文档集 D 中文本特征 f 出现少于 n 次的文档数，$|c|$ 表示 c 类文档数，$|D|$ 表示整个文档集的文档数。

2.5.1.2 文本特征辨别能力

如果一个文本特征对某个类的贡献较大，那么该文本特征对这个类的辨别能力应该较强。为此，本章定义了文本特征对类别的辨别能力，简称文本特征辨别能力。

定义 2.7(文本特征辨别能力) 表示文本特征 f_i 对类别 c_j 的辨别能力，用 $Feature\text{-}Distinguishability(f_i,c_j)$ 表示。由于一个类别的文本特征词有多个，因此可用下式来表示文本特征辨别能力：

$$Feature\text{-}Distinguishability(f_i,c_j)$$
$$= \sum_{k=1 \wedge k \neq j}^{m} \left[\frac{Optimized\text{-}DF_n(f_i,c_j) - Optimized\text{-}DF_n(f_i,c_k)}{\sum_q Optimized\text{-}DF_n(f_q,c_j)} \right]^2 \quad (2\text{-}33)$$

式中，m 为类别的个数，$Optimized\text{-}DF_n$ 为 2.5.1.1 节所定义。经分析可知，$Feature\text{-}Distinguishability(f_i,c_j)$ 不但考虑了文本特征出现的文档数，而且考虑了文本特征在文档中出现的次数，把文档频和词频进行了有机结合。$Feature\text{-}Distinguishability(f_i,c_j)$ 越大则表明文本特征 f_i 对类别 c_j 的辨别能力越强，那么该文本特征的分类能力也就越强，即该文本特征也就越重要。

2.5.1.3 类内集中度

如果一个文本特征对某个类别贡献较大，那么该文本特征应该集中出现在该类的文档中，而不是分散地出现在各类文档中。为此，下面又定义了类内集中度，用于表现文本特征在类别中的集中程度。

定义 2.8(类内集中度) 表示文本特征 f_i 在类别 c_j 的文档集中的分布情况，用 $Class\text{-}concentration(f_i,c_j)$ 表示。用下式来表示类内集中度：

$$Class\text{-}concentration(f_i,c_j) = \frac{Optimized\text{-}DF_n(f_i,c_j)}{\sum_{k=1}^{m} Optimized\text{-}DF_n(f_k,c_j)} \times \frac{WF(f_i,c_j)}{\sum_{k=1}^{m} WF(f_k,c_j)}$$

$$(2\text{-}34)$$

式中，m 为类别的个数，$Optimized\text{-}DF_n$ 为 2.5.1.1 节所定义，WF 为 2.4.3.4 节所定义。$Class\text{-}concentration(f_i,c_j)$ 越大，则表明文本特征 f_i 在类别 c_j 中的集中程度越高，那么该文本特征的分类能力也就越强，即该文本特征也就越重要。

2.5.1.4　位置重要性

一般来说，在手工分类时，人们不一定要通读全文而仅需阅读标题、摘要、引言或者第一段就可确切地判别文本所属的类别。这说明不同位置的文本特征对判别文本所属类别的作用是不同的，有些文本特征词出现的频率虽然不高，如标题中的文本特征词，却很能反映文本的类别。因此，文本特征词的位置也应该作为度量文本特征重要性的一个指标。

定义 2.9(位置重要性)

$$Location(f_i, c_j) = a \times r_{ij} \tag{2-35}$$

式中，$r_{ij} = \dfrac{Feature\text{-}Distinguishability(f_i, c_j) + Class\text{-}concentration(f_i, c_j)}{2}$，$Feature\text{-}Distinguishability(f_i, c_j)$ 和 $Class\text{-}concentration(f_i, c_j)$ 分别为 2.5.1.2 节定义的文本特征辨别能力和 2.5.1.3 节定义的类内集中度，$a = 3$ 表示文本特征 f_i 出现在题目或摘要中，$a = 2$ 表示文本特征 f_i 出现在首段或引言中，$a = 1$ 表示文本特征 f_i 出现在其他位置。

2.5.1.5　同义词度量

在中文自然语言中，不同的词之间同义或近义的现象十分普遍，例如，电脑和计算机表示同一个意思，如果把它们看成两个不同的文本特征，分类时就可能产生错误。对于这个问题，通常的做法就是使用主题词词典或同义词词典对同义词或近义词进行标准化处理。这种处理方法简单、易理解且易实现，但是忽略了同义词尤其是近义词之间的语义联系和差别。针对这个问题，本章提出了同义词度量，简单地说，就是使用同义词集将同义词看成一个基于类别的同义概念来处理。

定义 2.10　对于文本特征词 f_i 和类别 c_j，首先确定 f_i 的同义词集 $Synonyms\text{-}sets(f_i, c_j) = \{f_k \mid f_k \in T_j, f_k \approx f_i\}$，其中，$\approx$ 表示同义，T_j 表示类别 c_j 的文本特征集。因此，文本特征词 f_i 在类别 c_j 中的同义词因子可以定义为：

$$Synonyms(f_i, c_j) = \frac{Optimized\text{-}DF_n(f_i, c_j)}{\displaystyle\sum_{k=1}^{|Synonyms\text{-}sets(f_i, c_j)|} Optimized\text{-}DF_n(f_k, c_j) / |Synonyms\text{-}sets(f_i, c_j)|}$$

$$\tag{2-36}$$

式中，$Optimized\text{-}DF_n$ 为 2.5.1.1 节所定义的优化的文档频。

2.5.1.6　文本特征词的综合重要性

综合上述 2.5.1.1~2.5.1.5 节的定义，本章给出了文本特征词 f_i 对类别 c_j 综合重要性：

$$Weight(f_i, c_j) = \sum_{k=1}^{|tf_i|} Location(f_k, c_j) \times Synonyms(f_k, c_j) \qquad (2\text{-}37)$$

2.5.1.7　基于综合启发式的文本特征选择方法简述

依据上面的各个定义，提出了一种基于综合启发式的中文文本特征选择方法，该方法综合考虑了文本特征词的位置、词频、文档频、类内集中度、文本特征辨别能力、同义或近义词权重等因素，其简单描述如下[91]：

输入：经过分词处理的训练文档集（也即原始文本特征集）：设 T 为原始文本特征集，C 为类别集，对于 $\forall c_j \in C$，设 c_j 的训练文档集为 DS_j。

输出：原始文本特征集的一个子集。

其原始文本特征集 $T_j = T$，类 c_j 的文本特征词选择方法如下：对于每个 $f_i \in T_j$，给定最小词频数阈值 n_1 以及权重阈值 ω_1。

步骤 1：计算 f_i 的 $Optimized\text{-}DF_n(f_i, c_j)$、$WF(f_i, c_j)$、$Feature\text{-}Distinguishability(f_i, c_j)$、$Class\text{-}concentration(f_i, c_j)$、$Location(f_i, c_j)$、$Synonyms(f_i, c_j)$ 和 $Weight(f_i, c_j)$。

步骤 2：若 $Weight(f_i, c_j) \geqslant \omega_1$，则保留文本特征 f_i，否则从 T_j 中删除 f_i。

步骤 3：若 T 中还存在没考察的元素则转到步骤 1。

步骤 4：若 C 中还存在没考察的类别则转到步骤 1。

步骤 5：扫描一遍步骤 4 所得的文本特征子集，以调高那些对分类贡献比较大的文本特征词的权重，然后按照权重从大到小的顺序输出前 P_1 个文本特征。

2.5.2　基于差别对象对集的文本特征选择方法

基于可辨矩阵的属性约简算法是粗糙集理论中一类经典的属性约简算法[93]。然而，经分析发现，这类算法随着问题规模的增大，存放可辨矩阵的空间和算法执行时间的代价都很大，并不适用于海量文本特征的约简。虽然也存在一些相关改进的算法[96]，但只是将可辨矩阵转换成特征矩阵，从而使得特征矩阵的存放和计算与可辨矩阵并无区别。为解决上述问题，本章在分析可辨矩阵及其相关属性约简的基础上提出了差别对象对集及其相关属性约简。

2.5.2.1　基于可辨矩阵的属性约简算法及其分析

定义 2.11　决策表[47] $S = \langle U, C, D, V, f, d \rangle$ 的可辨矩阵是一个 $n \times n$ 的对称矩阵，$\boldsymbol{M}_{n \times n} = (m_{ij})$，其元素 m_{ij} 定义为：

$$m_{ij} = \{a \mid a \in C, \ f(x_i, a) \neq f(x_j, a) \cap [\exists s \in D, \ f(x_i, s) \neq f(x_j, s)]\}, \ i, j = 1, 2, \cdots, n \qquad (2\text{-}38)$$

在基于可辨矩阵的属性约简算法中，通常是先求出可辨矩阵，然后根据所设置的启发信息选取一个最有希望的属性 a 放入属性约简集中，紧接着在可辨矩阵的元素中删除所有包含该属性 a 的元素，直至可辨矩阵为空。其简单描述如下[47]：

步骤 1：生成可辨矩阵 $\boldsymbol{M}_{n\times n}=\{m_{ij}\}$，$red=\varnothing$ // red 用来存放属性约简。

步骤 2：若 $\boldsymbol{M}_{n\times n}=\varnothing$，则输出 red，否则转到下一步。

步骤 3：根据启发信息从 $C\text{-}red$ 中选择属性 a，并加入 $red=red\bigcup\{a\}$。

步骤 4：在 $\boldsymbol{M}_{n\times n}$ 的所有非空元素中去掉包含属性 a 的元素，转到步骤 2。

经过分析可知，该算法存在如下缺点：

(1)存放可辨矩阵的空间可能巨大。如果对象个数为 1 000 000 单元，条件属性的个数为 100 单元，则存放可辨矩阵的最大空间为 $100\times1\,000\,000\times(1\,000\,000-1)/2$ 单元。这对算法的实现是很不利的。

(2)可辨矩阵的元素中有很多是重复的，这样就造成了存储空间的极大浪费。因为在属性约简算法中，显然要删除包含某一元素的所有元素，由于这些元素存放时占用了大量的空间，删除时就要花费大量的比较时间，显然这对算法的运行也是很不利的。

2.5.2.2 基于差别对象对集的属性约简算法及其分析

在经典的基于可辨矩阵的属性约简中，一般把属性的出现频率作为选择属性的依据[47]。属性的出现频率也就是可辨矩阵中包含该属性的矩阵元素个数。属性的出现频率越高，说明包含该属性的矩阵元素越多，也说明该属性在差别矩阵中能够区分的对象对也越多，在属性约简中就越不能被省略。如果把一个属性能够区分开的所有对象对都用一个集合来存储，那么这个集合就是这个属性的差别对象对集。整个条件属性集的差别对象对集就组成了条件属性集的差别对象对集。为此，给出了下面的定义[92,93]。

定义 2.12(信息系统) $S=\langle U,\ C\bigcup D,\ V,\ f\rangle$，$\forall c\in C$，那么属性 c 的差别对象对集为：

$$DOP_c=\{(x_i,\ x_j)\mid x_i,\ x_j\in U(i<j),\ f(x_i)\neq f(x_j)\wedge d(x_i,\ D)\neq d(x_j,\ D)\}$$

$$(2\text{-}39)$$

称

$$DOP_c=\{(x_i,\ x_j)\mid x_i,\ x_j\in U(i<j),\ c\in C,\ f(x_i)\neq f(x_j)\wedge d(x_i,\ D)\neq d(x_j,\ D)\}$$

$$(2\text{-}40)$$

为条件属性集 C 的差别对象对集。

一个属性的差别对象对集中的元素越多，就说明该属性能够区分开的对象也就越多，该属性也就越重要。本章以此为启发式，设计如下属性约简算法[93]：

输入：$S=\langle U, C\bigcup D, V, f\rangle$。

输出：C 的一个约简 red。

步骤 1：$red=\varnothing$。

步骤 2：按照式(2-39)计算每个属性 c 的差别对象对集 DOP_c，并把这些差别对象对集按照元素个数以从大到小的顺序排列，此时对应的条件属性序列为 Q。

步骤 3：按照式(2-40)计算条件属性集 C 的差别对象对集 DOP_c。

步骤 4：While $(DOP_c\neq\varnothing)$。

依次从 Q 中取元素，假设此时取出的元素为 q，令 $red=red+\{q\}$，$DOP_c=DOP_c-DOP_q$。

步骤 5：输出 red，算法结束。

通过分析该算法可知，它比基于可辨矩阵的属性约简算法有如下改进：

(1)大大节省了存储空间。如果对象个数为 1 000 000 单元，条件属性的个数为 100 单元，则存放条件属性集的差别对象对集所需的最大空间为 1 000 000 × (1 000 000−1)单元，所需存储空间是差别矩阵的1/50。

(2)消除了重复元素。根据集合的性质可知，集合中是不存在重复元素的。

通过上述两点对比分析可知，基于差别对象对集的属性约简算法在求属性约简的过程中不用生成可辨矩阵和大量的无用元素，因而大大减少了存储量和计算量，从而提高了算法的效率。

2.5.2.3　基于差别对象对集的文本特征选择方法描述

基于差别对象对集的文本特征选择方法是一个综合性的文本特征选择方法，它首先利用 2.5.1.2 节定义的文本特征辨别能力进行文本特征初选以过滤掉一些词条来降低文本特征空间的稀疏性，然后利用 2.5.2.2 节所提的基于差别对象对集的属性约简算法消除冗余，从而获得较具代表性的文本特征子集。其简单过程如下[93]：

输入：经过分词处理的训练文档集(也即原始文本特征集)：设 T 为原始文本特征集，C 为类别集，对于 $\forall c_j\in C$，设 c_j 的训练文档集为 DS_j。

输出：原始文本特征集的一个子集。

其原始文本特征集 $T_j=T$，类别 $c_j\in C$ 的文本特征词选择算法如下：对于每个 $f_i\in T_j$，给定最小词频数阈值 n_2 以及权重阈值 ω_2。

步骤 1：计算 f_i 的 $Feature\text{-}Distinguishability(f_i, c_j)$。

步骤 2：若 $Feature\text{-}Distinguishability(f_i, c_j)\geqslant\omega_2$，则保留文本特征 f_i，否则从 T_j 中删除 f_i。

步骤 3：若 T 中还存在没考察的元素则转到步骤 1。

步骤 4：若 C 中还存在没考察的类别则转到步骤 1。

步骤 5：将上述所选的文本特征合并为一个文本特征集。

步骤 6：将步骤 5 得到的文本特征集以及标有类的训练集组织成为一个决策表：$S=\langle U,\ R=C\cup D,\ V,\ f\rangle$，使用基于差别对象对集的属性约简算法消去冗余文本特征。

步骤 7：扫描一遍步骤 6 所得的文本特征子集，以调高那些对分类贡献比较大的文本特征词的权重，然后按照权重从大到小的顺序输出前 P_2 个文本特征。

2.5.3　基于二进制可辨矩阵的文本特征选择方法

现存的众多属性约简算法，如基于传统可辨矩阵的属性约简算法[96]、基于属性重要度的属性约简算法[97]等，作用于海量的文本数据时效率极低。而对二进制可辨矩阵来说，由于它采用二进制的形式来表示，在其上进行的各种操作运算速度快并且占用空间小，这使得它特别适合于海量数据的表示。文献[98]给出了一个基于二进制可辨矩阵的属性约简算法，该算法操作简便，能够减少存储空间，可用于海量文本特征的约简。随后，许多学者以这个算法为基础又提出了许多相应的改进算法[99,100]。但是这些算法所定义的变换和运算操作都是在空间复杂度高达 $O(|C||U|^2)$ 的二进制可辨矩阵进行的，因而并没有对算法进行根本性的改进[94,95]。

下面首先使用一些简化规则对二进制可辨矩阵进行简化，然后再通过对简化的二进制可辨矩阵进行操作以实现对信息系统的属性约简。由于简化的二进制可辨矩阵的规模与数据集规模几乎无关，是一个常数，因此，在简化二进制可辨矩阵上进行的变换和操作复杂度较低。

2.5.3.1　二进制可辨矩阵及其属性约简定义

信息系统中通常含有一些冗余对象，如果直接建立其二进制可辨矩阵，则该矩阵中会存在大量冗余元素，因此有必要对信息系统进行简化处理。

定义 2.13　信息系统 $S=(U,\ C\cup D,\ V,\ f)$，如果 $U/C=\{[x_1']_C,\ [x_2']_C,\ \cdots,\ [x_P']_C\}$，令 $U^*=\{x_1',\ x_2',\ \cdots,\ x_P'\}$，则称 $S^*=(U^*,\ C\cup D,\ V,\ f)$ 为简化的信息系统。

由这个定义可以看出，简化后的信息系统与原信息系统相比，它们都具有相同的决策信息，但系统对象规模则由原来的 $|U|$ 降为 $|U/C|$。

定义 2.14　如果简化的信息系统为 $S^*=(U^*,\ C\cup D,\ V,\ f)$，则其对应的二进制可辨矩阵定义为：$M=(m((i,\ j),\ k))$，其中 $m((i,\ j),\ k)$ 定义如下：

$$m((i, j), k) = \begin{cases} 1, c_k \in C, f(x_i', c_k) \neq f(x_j', c_k) \wedge f(x_i', D) \neq f(x_j', D), x_i', x_j' \in U^* \\ 0 \end{cases}$$

$$\text{(2-41)}$$

称 M 为 S^* 的二进制可辨矩阵[94,95]。

由二进制可辨矩阵的定义可知，M 描述了每个条件属性对每个对象对的区分情况，从而使得它可以描述信息系统中所蕴含的知识。在二进制可辨矩阵中，若元素 $m((i, j), k)$ 为 1 或 0，则表示在条件属性 c_k 下对象 x_i、x_j 是可区分的或不可区分的。因此，如果二进制可辨矩阵中有全为 0 的行，则可以说明其对应的信息系统是不协调的，否则，就是协调的。在简化的信息系统中，由于各行是在 U/C 下可分辨的对象对，故其对应的二进制可辨矩阵中不存在全为 0 的行。

命题 2.1 在二进制可辨矩阵中，若某一行仅有一个元素为 1，而其余元素皆为 0，则这个元素 1 对应的列属性一定不能省略，也即属于核或相对核[95]。

由于约简就是寻找分类能力与原始条件属性集相当而条件属性个数较少的属性子集，因此给出如下命题。

命题 2.2 在信息系统 $S^* = (U^*, C \cup D, V, f)$ 中，$P \subseteq C$，C 所有属性对应的二进制可辨矩阵为 M_1，P 所有属性对应的二进制可辨矩阵为 M_2，则 P 是 C 的一个约简集的充要条件为：①M_2 中不全为 0 的行数等于 M_1 中不全为 0 的行数；②$\forall Q \subset P$ 都不满足条件①[95]。

2.5.3.2 二进制可辨矩阵的规则约简

与原信息系统对应的二进制可辨矩阵相比，简化的信息系统对应的二进制可辨矩阵虽然在存储空间需求方面有了一定程度的减少，但是其最大行数为 $|U^*|(|U^*|-1)/2$，所需二进制位数高达 $|C||U^*|(|U^*|-1)/2$。如果生成这样的二进制可辨矩阵并对其执行操作，那么算法性能也较低。为了进一步降低算法的时间复杂度、减少所需的存储空间，需要对二进制可辨矩阵作进一步变换约简。

在不影响属性约简结果的前提下，二进制可辨矩阵 M 具有下面一些变换约简规则[94,95,99]：

(1)首先去掉二进制可辨矩阵 M 中那些全为 0 的行。

(2)在变换约简过程中，可以随时将二进制可辨矩阵出现的全为 1 的行去掉。

(3)可将二进制可辨矩阵中的行、列重新任意排序。

(4)相同的行或列仅出现一次。

(5)对于某两列，如 c_i 列与 c_j 列，若 $c_i \oplus c_j = c_i$，则 c_j 列可以去掉。

(6)对于某两行，如 (u_i, u_j) 行与 (u_p, u_q) 行，若 $(u_i, u_j) \oplus (u_p, u_q) = (u_p,$

u_q），则$(u_p，u_q)$行可以去掉。

注意：上面变换约简规则中"⊕"表示逻辑加。

考虑下面的一个信息系统[98]，见表 2-1。

表 2-1　一个信息系统

U	a	b	c	d	e
1	1	0	2	1	1
2	2	1	0	1	0
3	2	1	2	0	2
4	1	2	2	1	1
5	1	2	0	0	2

首先根据表 2-1 生成其对应的二进制可辨矩阵 M_1，见表 2-2。

表 2-2　对应的二进制可辨矩阵

对象对	a	b	c	d	e
(1，2)	1	1	1	0	1
(1，3)	1	1	0	1	1
(1，4)	0	1	0	0	0
(1，5)	0	1	1	1	1
(2，3)	0	0	1	1	1
(2，4)	1	1	1	0	1
(2，5)	1	1	0	1	1
(3，4)	1	1	0	1	1
(3，5)	1	1	1	0	0
(4，5)	0	0	1	1	1

利用上述二进制可辨矩阵的变换约简原则，则可得到其最终的简化矩阵 M_2，见表 2-3。

表 2-3　简化的二进制可辨矩阵

对象对	b	c
(1，4)	1	0
(2，3)	0	1

对比表 2-2 和表 2-3 不难发现，使用上述规则变换约简后，二进制可辨矩阵的规模大幅度减小，而且列对应的属性组成的属性集更接近于甚至等于属性（相

对)约简集。

命题 2.3 对于简化的信息系统 $S^* = (U^*, C \cup D, V, f)$，其对应的简化后的二进制可辨矩阵为 M^*，$Q \subseteq C$，若 Q 是 C 的一个约简，则其充要条件为：①在 M^* 矩阵中，Q 的各个属性所对应列的逻辑和为 $(1, 1, \cdots, 1)^T$；② $\forall P \subset Q$ 都不满足条件①。

命题 2.4 基于正区域的属性约简定义与基于简化的二进制可辨矩阵的属性约简定义是等价的[94,95,99]。

2.5.3.3 基于简化二进制可辨矩阵的属性约简算法及其分析

在传统的可辨矩阵中，一个属性出现的频率越大，它的分辨能力就越强；一个矩阵元素包含的属性个数越少，该元素的重要性也越大。这个思想也可以应用到二进制可辨矩阵中：列中 1 的个数越多，该列对应的属性分辨能力就越强；行中 1 的个数越少，1 所对应的列属性组成的属性集就越重要。把这个思想与二进制可辨矩阵的变换约简原则结合起来，就可得到下面的属性约简算法[95]：

输入：信息系统 $S = (U, C \cup D, V, f)$。

输出：属性约简 red。

步骤 1：$red = \varnothing$。

步骤 2：根据定义 2.13 得到信息系统 S 的简化 S^*。

步骤 3：根据定义 2.14 计算 S^* 的二进制可辨矩阵 M。

步骤 4：将 M 中那些仅有一个 1 的行中 1 所对应的属性加入 red 中，并消去这些列及这些列中元素 1 所对应的行。

步骤 5：计算 M 中每行和每列 1 的个数，分别放入数组 Row 和 Col 中。

步骤 6：如果 $M \neq \varnothing$，那么 M 中若有全为 0 的行，则去掉这样的行，否则转到步骤 13。

步骤 7：如果 $M \neq \varnothing$，那么 M 中若有全为 1 的行，则去掉这样的行，否则转到步骤 13。

步骤 8：如果 $M \neq \varnothing$，那么对 $\forall$ 行 $(u_i, u_j) \oplus (u_p, u_q) = (u_p, u_q)$ $(i \neq p, j \neq q)$，则去掉 (u_p, u_q) 所对应的行，否则转到步骤 13。

步骤 9：如果 $M \neq \varnothing$，那么对 $\forall$ 列 $c_i \oplus c_j = c_i (i \neq j)$，则去掉 c_j 所对应的列，否则转到步骤 13。

步骤 10：将 M 中那些仅有一个 1 的行中 1 所对应的属性加入 red 中，并消去这些列及这些列中元素 1 所对应的行。

步骤 11：将 M 中含 1 的个数最少的行对应的列的属性加入 red 中，并消去这些列及这些列中元素 1 所对应的行(若有两行或多行中的 1 的个数最少，则选择 1 对应列中 1 的总数最多的行）。

步骤 12：如果 $M \neq \varnothing$ 那么转到步骤 6。

步骤 13：输出 red，算法结束。

在这个算法中，总是首先将二进制可辨矩阵中那些行中只有一个元素为 1 所在的列属性归入约简集中，其次将那些行中包含 1 的个数最少而对应列包含 1 的总数最多的列对应的属性归入约简集中，这样可以保证算法较快地收敛，并且也可得到最小属性（相对）约简。不难发现这个算法是完备的，使用这个算法可以求得表 2-1 的一个相对约简为 $\{b, c\}$。

假设信息系统 S 中有 m 个属性，有 n 个对象，约简后有 k 个对象（$k \leqslant n$）。文献[98]算法的最坏情况下时间复杂度为 $O(n^4 + m^4)$。本章算法中，化简信息系统的时间复杂度为 $O(mn^2)$，建立二进制可辨矩阵的时间复杂度为 $O(mk^2)$，消除列时的时间复杂度为 $O(m^2)$，消除行时的时间复杂度为 $O(k^2)$，总的复杂度为 $O(mn^2 + mk^2 + m^2 + k^2)$，这个复杂度远远低于文献[98]的复杂度。

2.5.3.4 基于二进制可辨矩阵的文本特征选择方法描述

基于二进制可辨矩阵的文本特征选择方法也是一个综合性的文本特征选择方法，它首先利用 2.5.1.3 节定义的类内集中度进行文本特征初选以过滤掉一些词条来降低文本特征空间的稀疏性，然后利用 2.5.3.3 节所提的基于简化二进制可辨矩阵的属性约简算法消除冗余，从而获得较具代表性的文本特征子集。其简单过程如下[94]：

输入：经过分词处理的训练文档集（也即原始文本特征集）：设 T 为原始文本特征集，C 为类别集，对于 $\forall c_j \in C$，设 c_j 的训练文档集为 DS_j。

输出：原始文本特征集的一个子集。

其原始文本特征集 $T_j = T$，类别 $c_j \in C$ 的文本特征词选择算法如下：对于每个 $f_i \in T_j$，给定最小词频数阈值 n_3 以及权重阈值 ω_3。

步骤 1：计算 f_i 的 $Class\text{-}concentration(f_i, c_j)$。

步骤 2：若 $Class\text{-}concentration(f_i, c_j) \geqslant \omega_3$，则保留文本特征 f_i，否则从 T_j 中删除 f_i。

步骤 3：若 T 中还存在没考察的元素则转到步骤 1。

步骤 4：若 C 中还存在没考察的类别则转到步骤 1。

步骤 5：将上述所选的文本特征合并为一个文本特征集。

步骤 6：将步骤 5 得到的文本特征集以及标有类的训练集组织成为一个决策表：$S = \langle U, C \cup D, V, f \rangle$，使用基于简化二进制可辨矩阵的属性约简算法消去冗余文本特征。

步骤 7：扫描一遍步骤 6 所得的文本特征子集，以调高那些对分类贡献比较大的文本特征词的权重，然后按照权重从大到小的顺序输出前 P_3 个文本特征。

2.6　实验仿真验证

2.6.1　实验数据准备

本章所提的文本特征选择都是有监督文本特征选择，如要验证其性能，必须进行文本分类实验。对于分类实验，实验数据的选择十分重要。为了使实验能同国内外相关学者的实验结果作对比以及方便分析本章文本特征选择方法的优劣，一般要选择那些标准的分类语料库作为实验数据。

经过反复分析和仔细比较，本章选用复旦大学中文文本分类语料库作为实验数据。这个语料库由复旦大学计算机信息与技术系国际数据库中心自然语言处理小组构建，它的全部文档均来自互联网。这个语料库可以免费使用，其下载网址为：http://www. nlp. org. cn/Categories/default. php? cat_id＝16％1. ％2.2。

复旦大学中文文本分类语料库分为训练文档集和测试文档集两个部分，共有20 个类别。每个部分都包含 20 个类别目录，每个类别目录存放类别相同的文本，每个文件都有唯一的编号，不同文件的编号是不相同的。该语料库一共包含19 637 篇文档，其中 9 804 篇文档组成训练文档集，9 833 篇文档组成测试文档集。这样，训练文档和测试文档基本上是按照 1∶1 的比例来组织的。经过分析，这个语料库包含许多内容重复的文档和残缺不全的文档，过滤掉这些文档后，语料库共有 14 378 篇文档，其中训练文档集包含 8 214 篇，测试文档集包含 6 164 篇，并且每篇文档仅有一个类别。在这个语料库中，各类别包含的文档数相差巨大，例如，经济类的训练文档集中有 1 369 篇文档，该类训练文档集的文档数量最多，而通信类训练文档集仅有 25 篇，该类训练文档集文档数量最少。该语料库中小数目文档的类别较多，约占总类别数的 55％，它们的训练文档集包含的文档数都少于 100。另外，各类别的训练文档集和测试文档集之间是互不重叠的，也即一篇文档仅属一个文本集。为了使语料库中各类别的文档数分布相差不太大，本章从人民网（http://www. people. com. cn）上又下载了一些新闻材料对其进行补充，这些新闻材料发表日期范围为 2007 年 8 月至 2010 年 9 月。补充后的语料库文档分布结果见表 2-4。

表 2-4　补充后的语料库文档分布

类别	经济	体育	计算机	政治	农业	环境	艺术	太空	历史	军事
序号	1	2	3	4	5	6	7	8	9	10
训练文档数目	1 369	1 204	1 019	1 010	847	805	510	506	466	674
测试文档数目	1 127	980	591	989	635	371	286	248	468	275
类别	教育	交通	法律	医药	哲学	文学	矿业	能源	电子	通信
序号	11	12	13	14	15	16	17	18	19	20
训练文档数目	506	257	351	451	140	627	709	830	926	725
测试文档数目	258	158	105	252	87	332	331	428	326	256
训练文档总数目	13 932									
测试文档总数目	8 503									

2.6.2　实验环境

实验中主要设备是一台普通 PC，其简单配置如下：操作系统为 Microsoft Windows XP Professional（SP2），CPU 为 Intel（R）Celeron（R），CPU 频率为 2.40 GHz，内存为 1 GB，硬盘为 120 GB。

对补充后的语料库进行分词处理时，采用的是中国科学院计算技术研究所研发的汉语词法分析系统 ICTCLAS 3.0，它主要的功能包括中文分词、词性标注、命名实体识别、新词识别，同时支持用户词典，支持繁体中文，支持 GBK、UTF-8、UTF-7、UNICODE 等多种编码格式。ICTCLAS 3.0 单机分词速度为 996 KB/s，分词精度为 98.45%，API 不超过 200 KB，各种词典数据压缩后不到 3 MB，是当前世界上最好的汉语词法分析器。其免费版下载网址为：http://ictclas.org/index.html。

实验中使用 Weka 软件工具进行分类实验，该软件工具是新西兰的怀卡托大学开发的一款数据挖掘软件，它用 Java 语言编写，由一系列机器学习算法组成。该软件的相关算法使用十分简单，可以直接调用，也镶嵌在代码中使用。Weka 软件工具包含如下功能：数据预处理、分类、回归分析、聚类、关联规则、可视化等，它对研究数据挖掘和机器学习是十分有用的，该软件是免费的，其下载网址为：http://www.cs.waikato.ac.nz/ml/weka/。

实验中使用的计算工具软件为 MATLAB，它是当今国际上科学界（尤其是自动控制领域）最具影响力也最有活力的软件。它提供了灵活的程序设计流程、强大的科学运算、高质量的图形可视化与界面设计、便捷的与其他程序和语言接口的功能，目前已广泛应用于工程计算、控制设计、信号处理与通信、图像处理、信号检测、金融建模设计与分析等领域。

2.6.3 实验所用分类器以及评价标准

由于 KNN 分类器实现简单、易理解,因此本实验在各种文本特征选择方法后采用该分类器进行分类(K 设置为 40,采用两向量的夹角余弦作为两个文档的相似度)。

在文本分类中,一般使用信息检索中的准确率(Precision,P)和召回率(Recall,R)作为性能评价准则:

$$P=t/(t+f) \tag{2-42}$$

$$R=t/(t+q) \tag{2-43}$$

准确率是所有被分类的文本中被正确分类的文本所占的比率;召回率是人工分类结果应有的文本中正确分类的文本所占的比率。实际应用中一般比较重视准确率。两个公式中的 t、f、q 表示相应的文档数目,其含义见表 2-5。

表 2-5 二值分类列联表

分类项目	实际在此类中的文档数	实际不在此类中的文档数
被判断在此类中的文档数	t	f
被判断不在此类中的文档数	q	p

精确率和召回率主要用于评价单个类别的分类性能,如果要全面地反映分类系统的整体性能,一般使用微平均法和宏平均法。微平均法一般是先计算出各个类别的二值分类联表,再根据这些二值联表计算出微平均准确率和微平均召回率:

$$Micro\_P = \frac{\sum\limits_{c\in C} t_c}{\sum\limits_{c\in C} t_c + \sum\limits_{c\in C} f_c} \tag{2-44}$$

$$Micro\_R = \frac{\sum\limits_{c\in C} t_c}{\sum\limits_{c\in C} t_c + \sum\limits_{c\in C} q_c} \tag{2-45}$$

宏平均法是先计算出各个类的 P、R,然后取平均值:

$$Macro\_P = \frac{\sum\limits_{c\in C} P_c}{|C|} \tag{2-46}$$

$$Macro\_R = \frac{\sum\limits_{c\in C} R_c}{|C|} \tag{2-47}$$

由于在分类系统中,准确率和召回率是互相影响的,为了更全面地对分类系统进行评价,可将准确率和召回率结合起来使用,其中最常用的是微平均 F_1 值和宏平均 F_1 值:

$$Micro\_avgF_1 = \frac{2 \times Micro\_P \times Micro\_R}{Micro\_P + Micro\_R} \tag{2-48}$$

$$Macro\_avgF_1 = \frac{2 \times Macro\_P \times Macro\_R}{Macro\_P + Macro\_R} \tag{2-49}$$

2.6.4 实验内容

在本章所提的三种文本特征选择方法中，都有最小词频数 n 这个参数，它在很大程度上决定了文本特征的最终个数，对该参数的设置需要反复实验确定。而参数 ω_1、ω_2、ω_3 可凭经验给定即可，本章令 $\omega_1 = 0.095$，$\omega_2 = \omega_3 = 0.09$。所有参数确定之后，再把本章所提的三种文本特征选择方法与三种经典的文本特征选择方法：信息增益(IG)、x^2 统计量(CHI)、互信息(MI)进行优劣对比。

为了实验表示方便，基于综合启发式的文本特征选择方法(Text Feature Selection Method Based on Syntaxic Heuristic，SH)、差别对象对集的文本特征选择方法(Text Feature Selection Method Based on Discernibility Object Pair Sets，DOPS)、二进制可辨矩阵的文本特征选择方法(Text Feature Selection Method Based on Binary Discernibility Matrix，BDM)进行介绍。

2.6.4.1 最小词频数 n 的确定实验结果及其分析(表 2-6)

表 2-6 各文本特征选择方法不同最小词频下 KNN 分类器的性能

文本特征选择方法	所用指标	最小词频数 n									
		1	2	3	4	5	6	7	8	9	10
SH	文本特征数目	29 457	10 304	7 162	4 025	3 179	2 113	1 077	451	314	178
	微平均 F_1	0.860 5	0.859 9	0.864 1	0.879 6	0.779 7	0.645 5	0.590 1	0.484 9	0.398 3	0.357 1
	宏平均 F_1	0.686 3	0.701 3	0.692 9	0.731 4	0.595 1	0.511 3	0.458 1	0.366 7	0.271 9	0.212 3
DOPS	文本特征数目	32 613	13 219	9 607	6 118	3 301	2 489	1 311	502	319	183
	微平均 F_1	0.821 9	0.816 1	0.820 8	0.825 3	0.768 4	0.664 7	0.615 2	0.487 5	0.398 0	0.357 1
	宏平均 F_1	0.643 1	0.642 7	0.639 2	0.694 5	0.586 2	0.518 2	0.450 9	0.349 9	0.251 9	0.212 3
BDM	文本特征数目	33 001	13 374	9 931	6 513	3 317	2 487	1 313	504	319	183
	微平均 F_1	0.804 2	0.807 8	0.810 7	0.808 1	0.751 4	0.650 1	0.602 5	0.475 1	0.398 0	0.357 1
	宏平均 F_1	0.601 7	0.613 7	0.619 4	0.620 5	0.556 2	0.504 7	0.452 4	0.345 1	0.251 9	0.212 3

图 2-1 和图 2-2 横轴数字代表相应的最小词频数 n。从表 2-6 及图 2-1 和图 2-2 可以看出，在最小词频数为 1、2、3 时，由于众多噪声词的词频一般较小，许

多噪声词并没被过滤掉，在此情况下所获得的文本特征集中有价值的文本特征所占比例较少，而无用的、冗余噪声词所占比例较大，从而使得所选文本特征集并不具有较好的代表性，此时 KNN 分类器性能要差些；在最小词频数为 4 时，因众多噪声词被过滤而绝大多数有价值的文本特征词被保留，在此情况下所选择的文本特征子集是较优秀的，因而 KNN 分类器性能较好；而在最小词频数为 5～10 时，噪声词大幅度地被过滤了，但较多的有价值的文本特征也被过滤掉了，其负面影响大于滤除噪声词所产生的正面影响，分类器性能会逐渐下降，在此情况下所选择的文本特征子集不具有较好的代表性，KNN 分类器性能也较大幅度地降低。

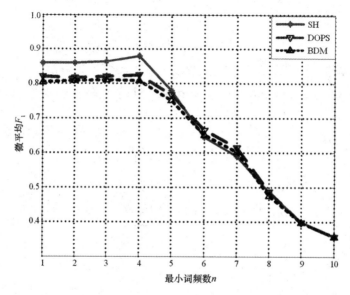

图 2-1　各文本特征选择方法在不同最小词频数下 KNN 分类器微平均 F_1

从表 2-6、图 2-1 和图 2-2 还可以看出，SH 方法所获得文本特征集总体上比 DOPS 方法和 BDM 方法所获得的文本特征集要优秀一些，而 DOPS 方法比 BDM 方法所获得的文本特征集要稍微好一些。这是因为在选择文本特征时，SH 方法综合考虑了文本特征词的位置、词频、文档频、类内集中度、文本特征辨别能力、同义或近义词权重等因素，DOPS 方法使用文本特征辨别能力和基于差别对象对的属性约简算法对文本特征进行考察，BDM 方法使用类内集中度和基于二进制可辨矩阵的属性约简算法对文本特征进行考察，因此 SH 方法比 DOPS 方法和 BDM 方法对文本特征词的考察要严格、全面些；又由于文本特征辨别能力这个限制条件比类内集中度要稍微严格些，而基于差别对象的属性约简算法和基于二进制可辨矩阵的属性约简算法基本相当，都是对基于经典可辨矩阵属性约简

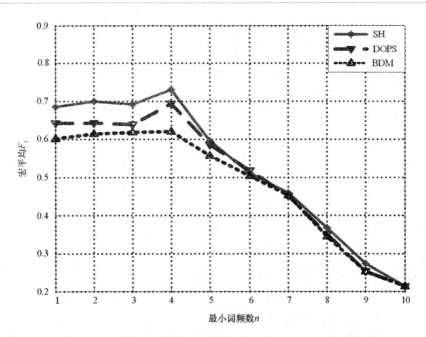

图 2-2　各文本特征选择方法在不同最小词频数下 KNN 分类器宏平均 F_1

法的改进，因此，DOPS 方法比 BDM 方法要好些。

2.6.4.2　各文本特征选择方法实验对比结果及其分析

在 KNN 分类器下，把本章所提的三种文本特征选择方法与经典的三种文本特征选择方法——信息增益（IG）、x^2 统计量（CHI）、互信息（MI）进行对比实验，对比结果见表 2-7。这个实验是在获得最佳最小词频结果的条件下进行的，方法中其余参数设置与上述的实验一致。

表 2-7　六种不同的文本特征选择方法下 KNN 分类器性能实验对比结果

文本特征数目		100	200	500	1 000	1 500	2 000	2 500	3 000	3 500	4 000
SH	微平均 F_1	0.293 3	0.359 4	0.508 4	0.589 3	0.631 9	0.632 9	0.709 2	0.741 8	0.835 2	0.879 3
	宏平均 F_1	0.110 7	0.228 3	0.385 1	0.450 3	0.482 1	0.492 1	0.552 1	0.589 4	0.671 4	0.731 7
DOPS	微平均 F_1	0.242 5	0.358 6	0.487 5	0.586 7	0.624 5	0.620 9	0.665 1	0.729 7	0.789 4	0.775 9
	宏平均 F_1	0.110 1	0.219 7	0.349 9	0.439 9	0.460 9	0.485 1	0.519 9	0.552 1	0.603 3	0.634 2
BDM	微平均 F_1	0.241 9	0.357 5	0.475 1	0.585 2	0.616 7	0.618 0	0.661 7	0.730 4	0.770 1	0.764 7
	宏平均 F_1	0.111 2	0.219 5	0.345 1	0.440 9	0.462 4	0.484 9	0.515 1	0.524 3	0.594 3	0.625 9
IG	微平均 F_1	0.197 8	0.259 2	0.387 2	0.434 7	0.470 3	0.501 7	0.558 3	0.605 2	0.637 3	0.659 6
	宏平均 F_1	0.110 7	0.174 5	0.268 8	0.350 9	0.382 8	0.440 3	0.483 7	0.502 9	0.539 1	0.568 1

续表

文本特征数目		100	200	500	1 000	1 500	2 000	2 500	3 000	3 500	4 000
CHI	微平均 F_1	0.139 9	0.213 7	0.334 8	0.392 3	0.421 3	0.471 7	0.509 2	0.549 5	0.572 4	0.614 7
	宏平均 F_1	0.101 3	0.143 6	0.244 1	0.317 3	0.355 2	0.401 0	0.427 8	0.471 6	0.496 1	0.503 5
MI	微平均 F_1	0.117 4	0.159 8	0.287 9	0.351 7	0.406 5	0.452 9	0.480 5	0.535 5	0.541 9	0.571 8
	宏平均 F_1	0.101 9	0.145 7	0.208 9	0.294 9	0.318 7	0.379 1	0.395 4	0.429 4	0.460 7	0.476 2

图 2-3 和图 2-4 横轴中的 1 代表特征总数为 100，2 代表特征总数为 200，3 代表特征总数为 500，4 代表特征总数为 1 000，5 代表特征总数为 1 500，6 代表特征总数为 2 000，7 代表特征总数为 2 500，8 代表特征总数为 3 000，9 代表特征总数为 3 500，10 代表特征总数为 4 000。从表 2-7 及图 2-3 和图 2-4 可以看出，在最佳最小词频数为 4 的情况下，本章所提出的三种文本特征选择方法都优于经典的三种文本特征选择方法——信息增益(IG)、x^2 统计量(CHI)、互信息(MI)，其优劣顺序依次为 SH、DOPS、BDM、IG、CHI、MI。造成这个结果的主要原因在于，本章所提三种文本特征选择方法 SH、DOPS、BDM 在选择文本特征时不仅考虑了所选文本特征的权重，而且考虑了所选文本特征之间的隐含关系，对文本特征考察得较全面，不过 SH 方法对文本特征考察最全面，其次依次是

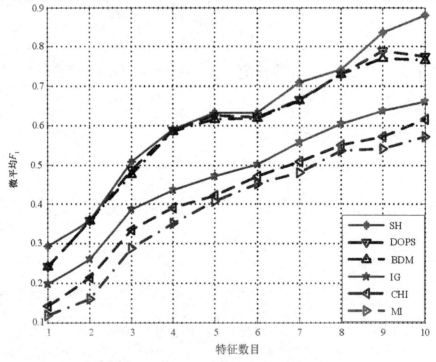

图 2-3　六种不同的文本特征选择方法下 KNN 分类器微平均 F_1

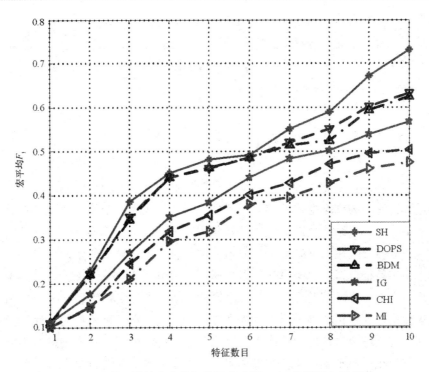

图 2-4　六种不同的文本特征选择方法下 KNN 分类器宏平均 F_1

DOPS 方法、BDM 方法；IG 方法对样本分布情况极其敏感，如果在样本分布不均匀的情况下使用该方法，那么它所选择的文本特征集代表性就较差，不过从最后所给实验数据来看各类别样本分布虽有差距但差距不太大；MI 方法在选择文本特征时仅考查了所选文本特征存在的情况，而 CHI 方法既考查了文本特征发生的概率，又考查了文本特征没发生的概率，因此 CHI 方法要优于 MI 方法。

2.7　本章小结

本章重点讨论了文本特征选择问题，详细分析了几种常用的文本特征选择方法，由于这些方法仅偏向于文本特征的统计特性而忽略了与文本内容息息相关的一些信息，从而使得它们所选的文本特征集并不具有较好的代表性，为此，本章提出了三种文本特征选择方法：SH 方法、DOPS 方法、BDM 方法。对比仿真实验表明，它们都优于三种经典的文本特征选择方法——信息增益(IG)、x^2 统计量(CHI)、互信息(MI)，能有效地过滤掉冗余的噪声词，选择出较优秀的文本特征集，从而促进了后续文本分类任务的高效进行。

第3章　文本分类

3.1　引　　言

文本分类是指根据某种算法自动为未知类别的文本分配一个或多个预定义类别的过程，它作为文本挖掘的核心任务之一，现已成为一个研究热点。尤其是在当今非结构化、半结构化网络文本资源极其丰富的情况下，它已成为搜索引擎、文本过滤等各种应用的基础技术。文本分类是一个十分复杂的系统，它涉及文本表示、文本特征选择、分类算法以及分类模型评价等多种复杂技术[101]。本章首先介绍了文本分类的问题定义、几种主要的文本分类方法，然后在分类中引入了粗糙集理论，利用粗糙集理论进行规则提取，提出了基于辨识集的属性约简算法以及基于规则综合质量的属性值约简算法，并用这两个算法对规则进行约简，从而获得较简化的规则集。实验结果表明，其生成的规则属性较少，分类准确率和召回率都较高。另外，本章针对ID3算法倾向于选择取值较多的属性的缺点，首先引进了粗糙集的属性重要性来改进ID3算法，然后又进一步根据ID3算法中信息增益的计算特点，利用凸函数的性质来简化ID3算法，从而减少了信息增益的计算量，进而提高了ID3算法中信息增益的计算效率。实验证明，优化的ID3算法与原ID3算法相比，在构造决策树时具有较高的准确率和更快的计算速度，并且构造的决策树还具有较少的平均叶子数。

3.2　文本分类的定义

文本分类（Text Categorization）就是一个为文档-类别矩阵 $D \times C$ 中的每个值对(d_i, c_j)赋予布尔值的自动过程，其中 $D = \{d_1, d_2, \cdots, d_n\}$ 是未知类别的文本集，$C = \{c_1, c_2, \cdots, c_m\}$ 是预先给定的类别集。如果文本 d_i 被分配的类别为 c_j，那么(d_i, c_j)就属值为1，否则就属值为0。因此，文本分类就是一个寻求未知目标函数 $f: D \times C \rightarrow \{0, 1\}$的过程，其中，目标函数 f 表明未知类别的文档是如何被分配给类别的，该函数通常被称为分类模型（Model）、分类器（Classifier）、分类假设（Hypothesis）或分类规则（Rule）。通常要求函数 f 要尽可能地与实际分类模型 $f': D \times C \rightarrow \{0, 1\}$达成一致，这通常可以通过分类模型评估指标来衡量。

对于文本分类问题常常是基于以下条件：①文档类别仅仅是一个符号标记，不能附带有任何有意义的知识；②文本测试集与训练集是来自同一数据源的数据。

3.3　常用的文本分类器

目前，文本分类器层出不穷，但最常用的是 KNN 分类器、SVM 分类器、Rocchio 分类器、Naive Bayes 分类器、决策树分类器等，由于受篇幅限制，仅简单介绍以下几种分类器。

3.3.1　KNN 分类器

KNN 分类器即 K-近邻分类器，于 1968 年由 Cover 和 Hart 提出[102]，到目前为止，仍旧是机器学习中最重要的方法之一，其基本思想为：给定一个待分类的文档，首先在文本训练集中寻找与该文档最相似的 K 个文档，然后判断这 K 个文档中哪类文档占的比例大，就把该文档归为哪一类。此分类器简单、易理解，但性能较低，因为它每判断一个文档就得计算该文档与所有训练集中每篇文档之间的相似度。

3.3.2　SVM 分类器

SVM 分类器即支持向量机(Support Vector Machine)分类器，是由 Vapnik 等人提出的一种学习方法[103]，其基本理论是统计学中的结构风险最小原理 (Structural Risk Minimization Inductive Principle)和 VC 维(Vapnik Chervonenks Dimension)理论。SVM 分类思想十分简单：它自动寻找一些对分类有较大分辨能力的支持向量，从而使得构造出的分类器可以使类间距离最大化，因而其推广性能和分类准确率都较优。该分类器对解决那些小样本、高维数、非线性以及局部极小点等问题能力较优，现已广泛地被应用于时间序列预测、函数逼近和分类等方面，成为机器学习中的研究热点之一。

3.3.3　Rocchio 分类器

Rocchio 分类器[104]是由 Hull 根据信息检索中的 Rocchio 公式变化而形成的，它是目前来说唯一一个基于信息检索而不是机器学习的文本分类器。该分类器非常简单、直观，在实际情况中通常作为基准分类器或者组合分类器中的一个成员来使用，现已在文本分类中得到广泛应用。

3.3.4　Naive Bayes 分类器

Naive Bayes 分类器即朴素贝叶斯分类器[105]，它假设构成文本特征向量的各个特征相互独立，是一类特殊的贝叶斯分类器。其分类过程为：首先在文本特征向量已知的条件下，使用贝叶斯条件概率公式计算该文本属于不同文本类别的后验概率，然后依据最大似然原理将该文本归属为具有最大后验概率的那一类。目前，Naive Bayes 分类器在自动文本分类研究中受到了广泛的运用和高度的重视。

3.3.5　决策树分类器

决策树[106]是一种树形结构，类似于数据结构中的二叉树或多叉树，其中，每个非终端节点代表对一个非类别属性的测试，非终端节点的每一个分枝表示对非类别属性的一个测试结果，每个终端节点则代表一个类或类分布。决策树的构建是一种由上而下、分而治之的归纳过程：首先从根节点开始，对每个非终端节点根据某种启发式找出对应样本集中的一个属性对样本集进行测试，然后根据不同的测试结果将训练集划分成若干个子样本集，每个子样本集构成一个新非终端节点，紧接着对新的非终端节点进行上述相同过程处理，直至满足给定的终止条件。

目前有两种常用的决策树算法：一种是 ID3 算法，它是 Quinlan[107] 于 1986 年提出来最具影响力的一种决策树生成算法。该算法基于信息熵理论，首先选择当前样本集中具有最大信息增益的属性作为测试属性，然后根据测试属性的取值把当前样本划分为若干个分支并采用划分后样本集的不确定性作为衡量划分好坏的标准，这样自顶向下依次进行直到满足停止条件。另一种是 C4.5 算法，它是 Quinlan 于 1993 年提出的一个 ID3 算法的后续算法，也是多决策树算法的基础。与 ID3 算法相比，C4.5 算法不但分类速度大大提高，而且分类精确度也大幅提高；不但可以直接处理连续型属性，而且允许训练集中出现未知属性值的样本，并且生成的决策树的分枝也较少。该算法仍然以信息熵理论为基础，所得到的决策树仍是多叉树。

另外，还有许多决策树分类算法，但大多数是以上述两种决策树算法为基础变化而来的，如基于偏置变换的决策树学习（BSDT）算法、分类和回归树（Classification and Regression Trees，CART）算法等，有兴趣的读者可以参阅文献[106]。

除了上述 5 种分类器外，还出现了许多其他分类器，如神经网络分类、投票分类、线性最小方差匹配[108]等，由于篇幅有限，这里就不一一叙述了，具体可以参阅文献[108]。

3.4　基于粗糙集理论的文本分类研究

3.4.1　粗糙集核心知识简介

知识约简是粗糙集核心内容之一。所谓知识约简，就是在保持知识库的分类或决策能力不变的条件下，删除其中不相关或不重要的知识，导出问题的决策或分类规则，它包括属性约简和属性值约简。

属性约简就是在保持条件属性相对于决策属性的分类能力不变的条件下，删除其中冗余的或不重要的条件属性。在实际应用中，往往采用某种启发式进行属性约简，比如基于属性重要性的属性约简算法、基于互信息的属性约简算法、基于辨识矩阵的属性约简算法、基于属性频度的属性约简算法等。在具体应用中，这几种算法各有优劣，应该根据具体的问题来确定具体的算法。

在决策表中，任一决策规则都由它的规则前件中各个条件属性的具体取值决定，而在规则前件的众多条件属性值中，有些属性值可能是冗余的，对该规则的分类归属不起决定作用的属性值应该找到并加以删除，这就是属性值约简所要解决的问题。

经过属性约简后，此时的决策表实际上是一个规则集合，对于这个规则集合中的每条规则，可以按这个过程来简化：对于该规则中的任意条件属性，如果去掉该条件属性，决策表还是一致的，则可以从该规则中去掉该条件属性。经过这样的处理后，规则集合中的所有规则都不含有冗余条件属性，也就是说，规则中的条件属性数目被尽可能减少了，规则的适应性更强了。但是，从这个简化过程可以看出属性值约简算法的实现存在随机性，如果规则的处理顺序不同，或者处理规则中的条件属性的顺序不同，属性约简值结果也不同，得到的规则集合也会有所不同。通常用一些启发值算法来指导这一过程的进行。

关于粗糙集的相关紧密知识，本书已在第1章绪论的1.5节做了详细的介绍，这里就不再赘述了。

粗糙集理论从诞生起就引起了众多领域专家的注意，现已被广泛应用于数据挖掘、机器学习、决策分析、过程控制、数据分析、人工智能等领域[42~46]。

3.4.2 利用粗糙集抽取分类规则

3.4.2.1 基于辨识集的属性约简算法

1. 问题的提出

基于差别矩阵的属性约简算法[47]是粗糙集理论中一类经典的属性约简算法。然而，经分析发现，这类算法随着问题规模的增大，存放差别矩阵的空间和算法执行时间的代价都很大。文献[109～112]中给出了相关改进的算法，但仍要存放差别矩阵，文献[113]中虽将差别矩阵转换成特征矩阵，但特征矩阵的存放和计算与差别矩阵并无两样。为解决上述问题，本章提出了辨识集的定义，进而给出了基于辨识集的属性约简的定义。同时证明了该定义与基于差别矩阵的属性约简定义是等价的。在此基础上，设计了一个基于辨识集的属性约简算法[114]，由于这一算法在求属性约简的过程中不用生成差别矩阵和大量的无用元素，因而大大减少了存储量和计算量，从而提高了算法的效率。

决策表 $S=(U, C, D, V, f, d)$，U 的差别矩阵是一个 $n \times n$ 的对称矩阵，$\boldsymbol{M}_{n \times n}=(m_{ij})$，其元素定义为：

$$m_{ij}=\{a \mid a \in C, f(x_i, a) \neq f(x_j, a) \bigcap (\exists s \in D, f(x_i, s) \neq f(x_j, s))\},$$
$$i, j=1, 2, \cdots, n \tag{3-1}$$

在根据式(3-1)而产生的基于差别矩阵的属性约简算法中，常常是先求出差别矩阵，然后根据某一启发信息选取一个条件属性放入属性约简集中，再在差别矩阵的元素中删除所有包含该属性 a 的元素，直至差别矩阵为空[47]。这个过程存在如下缺点：

(1)存放差别矩阵的空间可能很大，例如，当对象个数为 1 000 000 单元，条件属性的个数为 100 单元时，则存放差别矩阵的最大空间为 100×1 000 000×(1 000 000－1)/2＝5 ×1 013 单元，这极大地影响了算法的效率。

(2)在所存放的元素中有很多是重复的，这样就造成了存储空间的极大浪费。因为在属性约简算法中，显然要删除包含某一元素的所有元素，由于这些元素存放时占用了大量的空间，删除时就要花费大量的比较时间，显然这对算法的运行是很不利的。

2. 算法原理

由集合论中的性质可知，集合中不存在重复的元素，而且集合中的元素可以以离散的形式存储而不需要较大的连续内存块，因此，用集合代替差别矩阵可以克服上述两个缺点。为此，本章对式(3-1)进行了改造，用辨识集来代替差别矩阵，其定义如下。

定义 3.1 在决策表 $S=(U,C,D,V,f,d)$ 中 $\forall x_i \in U$，记

$$D(U,C)=\{m \mid m=\{p \in C: f(x_i,p)\neq f(x_j,p) \wedge (\exists d \in D, f(x_i,d)\neq f(x_j,d)), i<j=1,2,\cdots,n\} \tag{3-2}$$

称 $D(U,C)$ 为属性集 C 的辨识集。

$$D(U,c)=\{m \mid c \in m, m=[p \in C: f(x_i,p)\neq f(x_j,p) \wedge (\exists d \in D, f(x_i,d)\neq f(x_j,d)), i,j=1,2,\cdots,n]\} \tag{3-3}$$

称 $D(U,c)$ 为属性 $c \in C$ 的辨识集。

式(3-2)是一个集合，其中的元素由以下条件属性组成：对决策属性集取值不同的任一对决策对象，能够区分这对决策对象的条件属性。

式(3-3)也是一个集合，其中的元素由以下条件属性组成：对决策属性集取值不同的任一对决策对象，能够区分这对决策对象的条件属性，其中某个元素为所给定的条件属性，它表示了所给定条件属性的区分决策对象的能力。

对比式(3-1)和式(3-2)可知，式(3-1)是以矩阵的形式来表示区分决策对象对的元素，式(3-2)是以集合的形式来表示，它们中的元素是相同的，只不过辨识集中消除了重复元素。

定理 3.1 在决策表 $S=(U,C,D,V,f,d)$ 中，$\boldsymbol{M}_{n\times n}=(m_{ij})$ 为决策表的辨识矩阵，$D(U,C)$ 为决策表的辨识集，则有：$\forall m_{ij} \in M_{n\times n} \wedge m_{ij}\neq\varnothing \Leftrightarrow m_{ij} \in D(U,C)$。

证明： 对比式(3-1)和式(3-2)可知，它们中的元素是相同的，只不过辨识集中消除了重复元素。因此，定理成立。

根据定理 3.1，本章基于辨识集的属性约简算法描述如下：

输入：决策表 $S=(U,C,D,V,f,d)$。

输出：条件属性集 C 的一个约简集 B。

步骤 1：初始约简属性集 $B=$ NULL。

步骤 2：求得 $D(U,C)$。

步骤 3：$\forall m \in D(U,C)$，若 $|m|=1$，则把 m 加入 B，即 $B=\{m\}+B$，$D(U,C)=D(U,C)-\{d \mid m \in d, d \in D(U,C)\}$ // * 相当于求和。

步骤 4：$\forall b \in C-B$，选择 MAX$\{|\{d \mid b \in d, d \in D(U,C)\}|\}$（若不止一个，可根据具体情况选择其一），$D(U,C)=D(U,C)-\{d \mid m \in d, d \in D(U,C)\}$，$B=\{b\}+B$。

步骤 5：若 $D(U,C)$ 为 NULL，输出 B，算法结束；否则转向步骤 4。

3. 算法效率分析

新属性约简算法的最大优点是没有生成无用的元素，因为在第三步中获得了

核属性，这样做可使得第四步开始就生成一个较小的搜索空间，显然这可以提高算法的效率，在第四步中生成 $D(U, C-\{b\})$，其意义是凡是能由属性 b 区分的元素就不用生成，这一步则相当于在基于差别矩阵的属性约简算法中删除差别矩阵中所有包含属性 b 的元素，由于在新算法中没有生成这样的元素，当然也就不用删除，这就大大地压缩了占用的存储空间，算法的效率也大大地提高了。

4. 算法例证

使用文献[113]中的一个决策表，分别采用本章算法(新算法)与基于差别矩阵[47]的属性约简算法(称旧算法)进行比较。表 3-1 为决策表，表 3-2 为旧算法对应的差别矩阵，表 3-3 为新算法所对应的辨识集，表 3-4 为性能比较。

表 3-1　决策表

U/C	O(Outlook)	T(Temperature)	H(Humidity)	W(Windy)	D(Class)
1	sunny	hot	high	false	N
2	sunny	hot	high	true	N
3	overcast	hot	high	false	P
4	rain	mild	high	false	P
5	rain	cool	normal	false	P
6	rain	cool	normal	true	N
7	overcast	cool	normal	true	P
8	sunny	mild	high	false	N
9	sunny	cool	normal	false	P
10	rain	mild	normal	false	P
11	sunny	mild	normal	true	P
12	overcast	mild	high	true	P
13	overcast	hot	normal	false	P
14	rain	mild	high	true	N

表 3-2　旧算法对应的差别矩阵

O	OT	OTH	OTHW	TH	OTH	THW	OTW	OH
OW	OTW	OTHW	OTW	THW	OTHW	TH	OT	OHW
OTHW	THW	W	O	OW	TW	OT	OTH	OTW
OT	OT	THW	OTHW	TH	OH	HW	OW	OTH
OTW	W	THW	OTH	OTHW	HW	TH	OW	OTHW

表3-3　新算法对应的辨识集

O	OT	OTH	OTHW	TH	THW	OTW	OH	OW	OHW	W	TH	HW

表3-4　性能比较

内容	本章改进算法	老算法
比较次数	265	447
所需存储单元数	30	116

采用本章的属性约简算法,第一步生成 $D(U, C)=\{O, OT, OTH,$ OTHW,TH,THW,OTW,OH,OW,OHW,W,TH,HW\},需要比较的次数为:$(9+9+3\times3+6+2+5+5)\times5=45\times5=225$ 次。选择核时 $D(U, C)$ 内部比较的次数为 13 次,各个核生成 $\{d \mid m\in d, d\in D(U, C)\}$ 时需比较 $13\times2=26$ 次(有两个核),核选择后,$B=\{W, O\}$,$D(U, C)=\{TH\}$;下一步选择 T 或 H 只需要比较一次就行了,$B=\{T, W, O\}$ 或 $B=\{H, W, O\}$,$D(U, C)=\{\}$,算法结束。因此本章的属性约简算法总的比较次数为:$225+13+26+1=265$ 次。每个属性元素存储时占一个存储单元,则本章的属性约简算法只需要 30 个存储单元。而在文献[47]中分析的旧算法的比较次数为 447 次,存储单元需 116 个。

由以上分析可见,本章改进的属性约简算法大大提高了算法的效率。

3.4.2.2　基于规则综合质量的属性值约简算法

从属性约简后的决策表提取出决策规则集,然后用于文本分类。一般来说,决策规则集应该满足以下几个要求:①可靠性,所获得的决策规则集应该适用于绝大多数训练样本,否则该决策规则集可靠性很低;②完备性,所获得的决策规则集应该能够把全部训练样本完全覆盖掉,任何一个训练样本都应该存在与之匹配的决策规则;③简洁性,所获得的决策规则数目应该尽量少,而且能完全覆盖全部训练样本。这三个要求是衡量决策规则质量的最基本的三个标准。为了方便描述这三个标准,首先给出决策规则的定义[115]。

定义 3.2(决策规则)　已知决策表 $S=\langle U, C, D, V, f\rangle$,对于 $\forall x\in U$,存在 $C(c_1(x), c_2(x), \cdots, c_n(x))$,$D(d_1(x), d_2(x), \cdots, d_m(x))$,其中 $\{c_1(x), c_2(x), \cdots, c_n(x)\}$ 为相应条件属性集在对象 x 的取值,$\{d_1(x), d_2(x), \cdots, d_m(x)\}$ 为相应决策属性集在对象 x 的取值,则决策规则表示如下:$c_1(x), c_2(x), \cdots, c_n(x)\rightarrow d_1(x), d_2(x), \cdots, d_m(x)$,简写为 $C(x)\rightarrow D(x)$。

定义 3.3　对于决策规则 x,其支持度定义如下:

$$Sup(x, D, C)=\frac{Card(C(x)\bigcap D(x))}{Card(U)} \tag{3-4}$$

式中，$Card(C(x) \bigcap D(x))$表示与决策规则 x 匹配的训练样本数，$Card(U)$代表训练样本总数。决策规则的支持度描述了决策规则在整个论域中能够匹配训练样本的程度。

定义 3.4 对于决策规则 x，其置信度定义如下：

$$Cov(x, C, D) = \frac{Card(C(x) \bigcap D(x))}{Card(C(x))} \tag{3-5}$$

式中，$Card(C(x))$表示与决策规则 x 的前件匹配的训练样本数。决策规则的置信度描述了决策规则后件对前件的影响程度。根据这个置信度的定义有如下性质：

$$\sum_{y \in C(x)} Cov(x, C, D) = 1 \tag{3-6}$$

这个性质说明了属于相同条件等价类决策规则的置信度总和等于 1。

定义 3.5 对于决策规则 x，其覆盖度定义如下：

$$Cov(x, C, D) = \frac{Card(C(x) \bigcap D(x))}{Card(D(x))} \tag{3-7}$$

式中，$Card(D(x))$代表满足决策规则 x 后件的样本总数。决策规则的覆盖度描述了决策规则前件对后件的影响程度。根据这个置信度的定义有如下性质：

$$\sum_{y \in D(x)} Cov(x, C, D) = 1 \tag{3-8}$$

这个性质说明了属于相同决策等价类决策规则的覆盖度总和等于 1。

决策规则的支持度、置信度和覆盖度分别从不同角度衡量了决策规则的质量，对于它们的定义仅靠经验直觉并没有具体的理论依据。从式（3-5）和式（3-7）可以看出，这两个公式可由式（3-4）得到，它们对决策规则的衡量只是决策规则的某个方面。因此，把它们用某种方式组合起来是能够更好地对决策规则进行衡量的[115]。为此，下面定义了一个决策规则的综合质量评价标准。

定义 3.6 决策规则 x 的综合质量评价标准：

$$SQ(x, C, U) = a \times Cov(x, C, D) + b \times Cov(x, C, D) \tag{3-9}$$

这里 a 和 b 为权值，$a, b \in [0, 1]$，$a + b = 1$。

1. 基于综合质量的属性值约简算法

首先，将经过属性约简（利用 3.4.2.1 节的属性约简算法）后的决策表的每一行看成一条决策规则，计算每条决策规则的综合质量；然后，对每一条决策规则，观察删除它的某个前件是否会降低此决策规则的质量，若没有降低，则可将此前件删除，若降低，则此前件保留，直到考察完毕，此时就可以输出较简化的规则。该算法描述如下[115]：

输入：利用 3.4.2.1 节属性约简算法约简后的决策表 $S = \langle U, B, D, V, f \rangle$，权值参数 a、b。

输出：值约简后的简化规则集。

对决策表中的每条规则作以下处理：

步骤 1：如果规则集中还存在规则没进行简化过程，则计算该规则的综合质量 $SQ(x, B, D)$，转到步骤 2，否则算法结束。

步骤 2：如果该条规则对 B 中所有属性都已验证，则该条决策规则的值约简结束，输出该简化的规则，转到步骤 1（即简化下一条规则），否则转到步骤 3。

步骤 3：按顺序从约简属性集 B 依次取元素 p，计算删除该属性所对应的规则前件后的综合质量为 $SQ(x, B-\{p\}, D)$。

步骤 4：如果 $SQ(x, B-\{p\}, D) < SQ(x, B, D)$，则保留该属性所对应的属性值作为这条规则的前件，转到步骤 2。

2. 基于综合质量的属性值约简算法复杂度分析

寻找最优值约简问题已被证明是 NP 难问题[116]，它的复杂性主要是由决策表中的对象总数和条件属性巨大的组合造成的。对上述规则约简算法，它的时间复杂度主要取决于计算决策规则质量的复杂度。该算法在去除每个条件属性时，计算每条决策规则综合质量的时间复杂度为 $O(|U|)$。因此，如果决策表有 m 个条件属性、n 条决策规则，那么这种求值约简的算法的时间复杂度为 $O(m \times n^2)$。从而用这种启发式算法，在一定程度上能够解决属性值约简的 NP 难问题。

3.4.2.3　利用所提粗糙集算法进行分类规则抽取实验

本实验采用文献[117]提出的分词方法进行分词和文献[118]提出的特征权值离散化方法进行属性值离散化。仿真软件平台采用的是 Rainbow 文本分类软件包，该软件包是卡内基梅隆大学的 McCallum 教授[119]等用标准 C 语言开发的。本章对这个分类软件包进行了适当的改变，用中文文本特征词提取模块替代原来的英文词抽取模块。实验数据集是由从北京大学计算语言学研究所提供的人民日报标注语料库（PFR）中选出的 4 个类别（政治类、财经类、科技类、法律类）组成，其中训练集有 320 篇文档，测试集有 254 篇文档，见表 3-5。

表 3-5　实验数据集

类别	政治类	财经类	科技类	法律类
训练文本数	80	88	90	62
测试文本数	62	68	68	56

在训练阶段，从 320 篇文本中提取的文本特征个数为 1 037，最后输出的规则中条件属性的数目为 649 个，向量维数缩减率可以达到 398/1 037×100％＝37.42％，每一规则的条件属性个数从几十个到几百个不等。仿真过程中，首先用粗糙集理论提取出分类规则并分别用文献[47]提供的经典算法（包括经典的属性约简算法、经典的属性值约简算法）与本章所提算法（基于辨识集的属性约简算法和基于规则综合质量的属性值约简算法）对分类规则进行处理，然后使用测试文本通过分类规则比较确定各类别的正确率和召回率，其结果见表 3-6 以及图 3-1 和图 3-2。

表 3-6　实验结果

类别	政治类	财经类	科技类	法律类
测试文本数	62	68	68	56
经典算法分类正确率/％	92.16	88.24	89.71	87.5
本章算法分类正确率/％	96.77	91.18	85.29	89.29
训练文本数	80	88	90	62
经典算法召回率/％	93.75	93.18	94.44	95.16
本章算法召回率/％	97.5	98.86	96.67	98.39

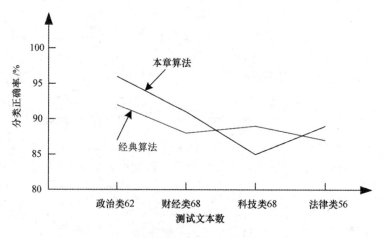

图 3-1　两算法分类正确率对比结果

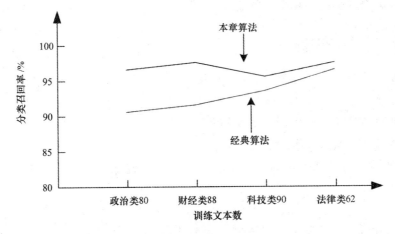

图 3-2 两算法分类召回率对比结果

从表 3-6 及图 3-1 和图 3-2 来看，本章所提算法虽然在科技类的分类正确率上不如经典算法，但从总体上来看分类正确率高于经典算法；在分类召回率方面，本章算法明显高于经典算法，这说明使用本章算法约简后的规则覆盖度较高，具有较好的代表性。从上述两方面的比较可以看出，本章所提算法在解决一些相关实际问题方面是可行的，具有一定的实用价值。

3.5 ID3 算法的优化

在数据挖掘领域的众多分类方法中，决策树分类方法使用最为广泛，原因如下：

(1)与复杂的神经网络或 Bayes 分类方法相比，决策树分类方法原理简单、易懂，因此也易被接受。

(2)在决策树分类过程中，通常无须人工设置参数，因而分类结果较客观，使之更加适合于知识发现。

(3)除训练数据集和测试数据集外，决策树分类方法不需要任何其他附加信息，这就保证了与其他分类方法相比，决策树分类方法具有较高的分类速度。

(4)与其他分类方法相比，决策树分类方法分类准确率较高。

目前，决策树分类已经成为一种十分重要的数据挖掘方法，而在众多决策树构造方法中，ID3 算法是最具影响力的方法，它是 Quinlan[107] 于 1986 年提出来的，Quinlan 详细叙述了决策树和 ID3 算法及其相关理论，其后很多专家学者在此基础上对决策树进行了深入的研究[120,121]。

3.5.1 ID3 算法简介

ID3 算法是一种归纳学习方法，它在决策过程中采用分治策略，利用特征的信息增益大小作为分支属性选择的启发式函数，选择信息增益最大的特征作为分枝属性来建立决策树。ID3 算法描述如下：

设 S 是 s 个数据样本的集合，假定有 m 个不同的类别 $C_i(i=1, 2, \cdots, m)$，设 s_i 是类别 C_i 的样本数。对一个给定的样本分类所需的期望信息由下式给出：

$$I(s_1, s_2, \cdots, s_m) = -\sum_{i=1}^{m} p_i \log p_i \tag{3-10}$$

式中，p_i 是任意样本属于 C_i 的概率，一般可以用 s_i/S 来估计。

设属性 A 具有 n 个不同的值 $\{a_1, a_2, \cdots, a_n\}$，可以用 A 将 S 划分为 n 个子集 $\{S_1, S_2, \cdots, S_n\}$，其中 S_i 指的是 S 中在属性 A 上值为 a_i 的样本。如果 A 作为最好的分裂属性，则这些子集对应于有包含集合 S 的节点生长出来的分支。

设 s_{ij} 是子集 S_j 中属于类 C_i 的样本数，则根据 A 划分的子集的熵可由下式给出：

$$E(A) = -\sum_{j=1}^{n} \frac{s_{1j} + s_{2j} + \cdots + s_{mj}}{s} I(s_{1j}, s_{2j}, \cdots, s_{mj}) \tag{3-11}$$

这里 $\frac{s_{1j} + s_{2j} + \cdots + s_{mj}}{s}$ 是第 j 个子集的权。熵越小，子集划分的纯度越高。式中对于给定的子集 S_j，其期望值用下式计算：

$$I(s_{1j}, s_{2j}, \cdots, s_{mj}) = -\sum_{i=1}^{m} p_{ij} \log p_{ij} \tag{3-12}$$

式中，$p_{ij} = \frac{s_{ij}}{s_j}$ 是 S_j 中的样本属于类 C_i 的概率。

由期望信息和熵值可以得到对应的信息增益，对于在 A 上分支将获得的信息增益可以由下式得到：

$$Gain(A) = I(s_1, s_2, \cdots, s_m) - E(A) \tag{3-13}$$

ID3 算法计算每个属性的信息增益，并选取具有最高信息增益的属性作为给定集合 S 的测试属性。对被选取的测试属性创建一个节点，并以该属性标记，对该属性的每个属性值创建一个分支，并以此来划分样本。

3.5.2 ID3 算法的不足及其优化思想

ID3 算法选择属性 A 作为测试属性的原则是：属性 A 使得 $E(A)$ 最小。研究表明，这种启发式方法存在一个弊端，即算法往往偏向于选择取值较多的属性，而属性值较多的属性却不总是最优的属性[121]。例如，Bratko 研究小组在研究判断病情的各种因素时，用 ID3 确定"病人的年龄（有 9 种值）"为应首先判断的属性（即靠近决策树的根节点），但实际中医学专家认为这个属性在判断病情时没那么重要；再如在股票市场，个股分析需要对某些少量的元素组有足够的重视，而ID3 则会忽略个股的重要性，所以很多学者认为 Quinlan 的熵函数并不理想，它有偏向于取值较多的属性的缺点，因此许多人对其提出了改进。文献 [121]主要是在 ID3 算法中引进一个用户兴趣度，该用户兴趣度取值区间为[0，1]，具体由用户根据经验给出，这虽然能在一定程度上解决 ID3 算法倾向于选择取值较多的属性这样的缺点，可是在使用用户兴趣度时需注意以下几点：第一，对用户感兴趣的属性，可根据先验知识或领域知识进行测试，选择符合实际情况的用户兴趣度；第二，当大多数属性数据量较大，个别属性数据量较小，而人们对这些属性重要性认识不足时，选择这些属性的用户兴趣度，使其不会出现大数据掩盖小数据的现象；第三，决策中的属性如果许多有先验知识或领域知识，可根据实际情况选择用户兴趣度，但不宜做太多的选择，可以逐步进行，否则会因人为因素影响决策效果。由上述三点可以看出，兴趣度的取值全靠用户的经验，因此很难反映事实，并且对那些不熟悉的用户来说不能较好地选择这个兴趣度，从而使得这些改进的算法不能较好地被利用。为此，下面把粗糙集理论用于 ID3 算法，用客观属性重要度来代替全靠经验确定的主观用户兴趣度，从而使该参数的确定更具说服力，以克服 ID3 算法的上述缺点。

通过研究 $Gain(A)$ 这个计算公式发现，公式 $I(s_1,s_2,\cdots,s_m)=-\sum_{i=1}^{m}p_i\log p_i$ 只要给定训练样本和类别数，它在整个属性选择的过程中始终是个定值，为了减少计算量，改善算法的时间，可以把这个公式从 $Gain(A)$ 摘除，此时只保留 $E(A)$ 即可。

在 $E(A)$ 中，关于 $I(s_{1j},s_{2j},\cdots,s_{mj})=-\sum_{i=1}^{m}p_{ij}\log p_{ij}$ 的计算是一个十分耗时的计算过程，因为每次都要计算多个 $p_{ij}\log p_{ij}$，而从计算性能上来讲 $p_{ij}\log p_{ij}$ 很耗时，为此，本章研究了 $\log p$ 函数的基本性质。经过研究，证明了信息量计算公式是一种上凸函数的形式，所以利用上凸函数特有的性质，对信息量的计算公式进行了简化，从而达到优化的目的。

3.5.3 ID3 算法改进原理

在讨论不同问题时，属性具有不同的重要度，这种重要度可在辅助知识基础上事先假设并用"权重"表示。不使用事先假设的信息，只利用表中的数据计算是否所有属性具有相同的"强度"；如果不是，则它们在分类能力上就有区别。为了找出某些属性或属性集的重要度，需要从表中删除一些属性，以考察没有该属性时分类会怎样变化。若去掉该属性，分类亦相应改变，说明该属性的强度大，即重要度高；反之，说明该属性的强度小，即重要度低。

定义 3.7 属性依赖度[47]给定一个决策表 $S=\langle U, C, D, V, f\rangle$，存在一属性集 R 且 $R\subseteq C$，决策属性 D 对于属性集 R 的依赖度定义为：

$$\gamma(R, D)=\frac{Card(POS_R(D))}{Card(U)} \tag{3-14}$$

显然有 $0\leqslant\gamma(R, D)\leqslant1$，$\gamma(R, D)$ 给出了决策属性 D 与属性集 R 之间的相依性的一种测度。它反映了属性集 R 对于决策属性 D 的重要程度。在已知条件 R 的前提下，一个属性 $a\in R$ 对于决策属性 D 的重要度 $SGF(a)$ 定义如下：

$$SGF(a)=\gamma(R, D)-\gamma(R-\{a\}, D) \tag{3-15}$$

$SGF(a)$ 表明了把属性 a 从 R 中去掉后对分类决策的影响程度，也即不能被正确分类的样本所占的比例。

当大多数属性数据量较大、个别属性数据量较小，而人们对这些属性重要性认识不足时，或者某一属性取值较多而且这个属性在判断时没那么重要并掩盖了取值少的属性重要性时，选择这些属性的重要性作为参数，从而起到避免出现所选属性与现实无关或大数据量掩盖小数据量的错误。

改进 ID3 算法是针对规则生成方法即属性选择标准算法进行了改进。通过在式(3-13)中增加属性的重要度作为参数，加强了重要属性的标注，降低了非重要属性的标注，使生成决策树时数量少的数据元组不会被淹没或者降低属性值较多且并不重要的属性，最终使决策树减少了对取值较多的属性的依赖性，从而尽可能地减少了大数据掩盖小数据的现象发生。把该重要度引入式(3-13)即可得到改进公式：

$$Gain(A) = I(s_1, s_2, \cdots, s_m) - \sum_{j=1}^{n}\frac{s_{1j}+s_{2j}+\cdots+s_{mj}}{s}\times SGF(A)\sum_{i=1}^{m}p_{ij}\log p_{ij}$$

$$\tag{3-16}$$

式(3-16)的优点是：在 ID3 算法的基础上进行的改进，在解决领域问题中大数据量覆盖小数据量的重要性方面具有一定的优势，而且降低了属性值较多又不是很重要这样的属性的地位，解决了 ID3 算法偏向于选择取值较多属性的这一偏置问题。

3.5.4　ID3 算法简化原理

在式(3-16)中，由于其中的 $I(s_1, s_2, \cdots, s_m) = -\sum_{i=1}^{m} p_i \log p_i$ 只要给定训练样本和类别数，它在整个属性选择的过程中始终是个定值，为了减少计算量及改善算法的时间，可以把这个公式从式(3-16)摘除，此时式(3-16)只保留后一项，而不影响最终结果，那么进一步改进为：

$$E(A)^* = -\sum_{j=1}^{n} \frac{s_{1j} + s_{2j} + \cdots + s_{mj}}{s} \times SGF(A) \sum_{i=1}^{m} p_{ij} \log p_{ij} \quad (3-17)$$

根据式(3-17)的特点，又提出针对信息量计算的改进方法，用以简化信息量计算的复杂度。

首先研究 $\log p$ 函数的基本性质，研究表明信息量计算公式是一种上凸函数的形式，所以可利用上凸函数特有的性质，对信息量的计算公式进一步改进。

定理 3.2　设 $f(x)$ 在 $[a, b]$ 上连续，在 (a, b) 内有一阶和二阶导数，那么：①如果在 (a, b) 内 $f''(x) > 0$，则 $f(x)$ 在 $[a, b]$ 上的图形是凹形的；②如果在 (a, b) 内 $f''(x) < 0$，则 $f(x)$ 在 $[a, b]$ 上的图形是凸形的。

在式(3-17)中所用的函数 $\log p_{ij} \log p$ 中，p_{ij} 是 S_j 中的样本属于类 C_i 的概率，其定义域为 $[0, 1]$，并且对于 $[0, 1]$ 上的任意两点 p_1、p_2，满足 $p_1 - p_2 = \Delta p \to a(o)$ 时，函数在 $[0, 1]$ 上连续，根据定理 3.2 可以证明函数的凹凸性。

性质 3.1　$\log p$ 函数在 $[0, 1]$ 上是凸函数。

证明： 因为 $(\log p)' = \dfrac{1}{p \times \ln 2}$，$(\log p)'' = -\dfrac{1}{p^2 \times \ln 2} < 0$，所以根据定理 3.2 可知，$\log p$ 函数在 $[0, 1]$ 上是凸函数。

性质 3.2　设 $f(x)$ 为凸函数，X 是非空集合，$x_i \in X$，$\exists \lambda_i \geqslant 0$，$\sum_{i=1}^{N} \lambda_i = 1$，则有：

$$\sum_{i=1}^{n} \lambda_i f(x_i) \leqslant f\left(\sum_{i=1}^{n} \lambda_i x_i\right) \quad (3-18)$$

由于已经证明 $\log p$ 在 $[0, 1]$ 上为凸函数，所以对于式(3-17)中的 $-\sum_{i=1}^{m} p_{ij} \log p_{ij}$ 部分，其中 $\sum_{i=1}^{m} p_{ij} = 1$，那么根据性质 3.2，可以转换为 $-\sum_{i=1}^{m} p_{ij} \log p_{ij} \geqslant -\log\left(\sum_{i=1}^{m} p_{ij}^2\right)$，对信息量计算公式这样处理的好处是：在 ID3 算法计算分类属性的信息增益的过程中，若遇到与信息量计算相关的内容都按上述方法进行简化

处理，从而减小计算信息增益的计算费用。

众所周知，计算机对 $\log p$ 函数的计算是需要花费大量时间的。在式(3-17)每个属性的信息量计算中，若按原 ID3 算法需要对 $\log p$ 函数计算 m 次，而利用简化的 ID3 算法只需要对 $\log p$ 函数计算一次就可以得出信息量的近似值，减少了 $(m-1)$ 个 $\log$ 函数值的计算过程，极大地提高了决策树构造过程中信息量的计算效率。此时式(3-17)可以用下式代替：

$$E(A)^* = -\sum_{j=1}^{n} \frac{s_{1j}+s_{2j}+\cdots+s_{mj}}{s} SGF(A) \log\left(\sum_{i=1}^{m} p_{ij}^2\right) \quad (3\text{-}19)$$

由于 $p_{ij} = \frac{s_{ij}}{s_j}$ 是 S_j 中的样本属于类 C_i 的概率，$\sum_{i=1}^{m} s_{ij} = s_j$，那么 $\sum_{i=1}^{m} p_{ij}^2 =$

$$\sum_{i=1}^{m}\left(\frac{s_{ij}}{s_j}\right)^2 = \frac{\sum_{i=1}^{m} s_{ij}^2}{s_j^2} = \frac{\left(\sum_{i=1}^{m} s_{ij}\right)^2 - \sum_{i=1}^{m}\sum_{l=1 \wedge l \neq i}^{m}(s_{ij} \times s_{lj})}{s_j^2} = \left(\frac{\sum_{i=1}^{m} s_{ij}}{s_j}\right)^2 - \sum_{i=1}^{m}\sum_{l=1 \wedge l \neq i}^{m}\left(\frac{s_{ij}}{s_j} \times\right.$$

$$\left.\frac{s_{lj}}{s_j}\right) = 1 - \sum_{i=1}^{m}\sum_{l=1 \wedge l \neq i}^{m}(p_{ij} \times p_{lj})，因此有 \log\left(\sum_{i=1}^{m} p_{ij}^2\right) = \log\left[1 - \sum_{i=1}^{m}\sum_{l=1 \wedge l \neq i}^{m}(p_{ij} \times p_{lj})\right] =$$

$$\frac{\ln\left[1 - \sum_{i=1}^{m}\sum_{l=1 \wedge l \neq i}^{m}(p_{ij} \times p_{lj})\right]}{\ln 2}，又因为当 x \to 0 时有 \ln(1+x) \to x，而且$$

$$-\sum_{i=1}^{m}\sum_{l=1 \wedge l \neq i}^{m}(p_{ij} \times p_{lj}) \to 0，所以有 \frac{\ln\left[1 - \sum_{i=1}^{m}\sum_{l=1 \wedge l \neq i}^{m}(p_{ij} \times p_{lj})\right]}{\ln 2} \to$$

$$-\frac{\sum_{i=1}^{m}\sum_{l=1 \wedge l \neq i}^{m}(p_{ij} \times p_{lj})}{\ln 2}，则此时式(3-19)变为：$$

$$E(A)^* = \sum_{j=1}^{n} \frac{s_{1j}+s_{2j}+\cdots+s_{mj}}{s} SGF(A) \frac{\sum_{i=1}^{m}\sum_{l=1 \wedge l \neq i}^{m}(p_{ij} \times p_{lj})}{\ln 2}。由于 \ln 2 为$$

常数，因此可以从公式中去掉而不影响最终结果，则此时式(3-19)可以变为：

$$E(A)^* = \sum_{j=1}^{n} \frac{s_{1j}+s_{2j}+\cdots+s_{mj}}{s} \times SGF(A) \sum_{i=1}^{m}\sum_{l=1 \wedge l \neq i}^{m}(p_{ij} \times p_{lj}) \quad (3\text{-}20)$$

与式(3-19)相比，式(3-20)完全消除了比较耗时的 $\log p$ 函数计算，仅仅是加、减、乘、除的计算，大大减少了计算机的运行时间，提高了判别的速度。因此可以用式(3-20)计算每个属性的平均熵，并从中选取熵值最小的属性作为节点属性即可。

3.5.5　优化的 ID3 决策树算法实例验证以及对比分析

3.5.5.1　准确度与叶子数目对比实验

实验中，在 UCI[122] 提供的部分数据集上分别运行优化的 ID3 算法和传统 ID3 算法，所有连续值的条件属性采用算法 DBChi2[123] 进行离散化。用 10 层交叉的方法测试两种算法所构造的决策树的平均分类精确度；同时为了比较采用这两种方法构造的决策树的复杂性，实验中将每个数据集（表 3-7）分成 10 份形成 10 个子集，每个子集中的数据是随机抽取的，在每一个数据子集上用优化的 ID3 算法和传统 ID3 算法分别构造决策树，然后分别统计 10 次构造的决策树中平均叶子节点数，见表 3-8。

表 3-7　所用数据集

数据集序号	数据集名称	样本个数	条件属性个数	决策属性个数
1	Breast	817	9	2
2	Diabetes	798	8	2
3	Iris	209	4	3
4	Lymph	189	18	4
5	Bupa	428	6	5
6	Segmentation	2 932	19	7

表 3-8　准确度和叶子实验结果

数据集序号	数据集名称	传统 ID3 算法		优化的 ID3 算法	
		平均准确度	叶子数	平均准确度	叶子数
1	Breast	85.8%	8.0	90.5%	6.2
2	Diabetes	71.5%	16.5	79.2%	10.8
3	Iris	73.1%	7.0	78.7%	5.0
4	Lymph	73.2%	8.5	77.8%	7.2
5	Bupa	82.8%	10.0	88.9%	7.8
6	Segmentation	73.2%	10.8	84.1%	8.1
平均值		78.77%	10.13	83.2%	7.5

从表 3-8 及图 3-3 和图 3-4 可以看出，与传统 ID3 算法相比，优化的 ID3 算法有较好的平均分类精确度，同时构造的决策树叶子数较少。

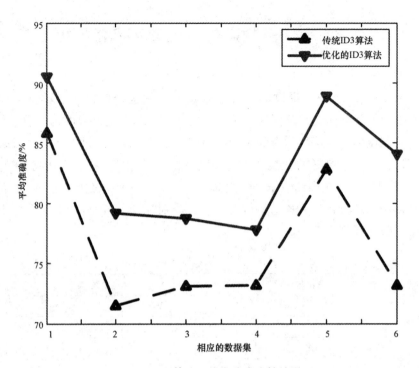

图 3-3　两算法平均准确度比较结果

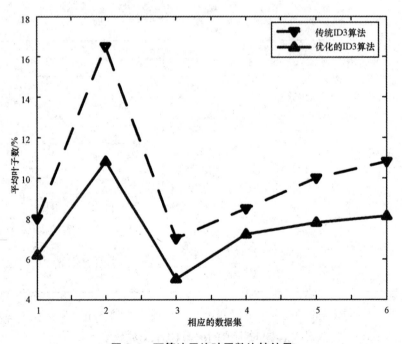

图 3-4　两算法平均叶子数比较结果

3.5.5.2　生成决策树时间的对比实验

以文献[108]"天气表"中的 14 条记录为基础，随机生成多条记录组成多个数据集，实现传统 ID3 算法和优化的 ID3 算法构造决策树的过程并从生成决策树的时间上进行对比分析。

为了证明优化的 ID3 算法有更高的构造效率，分别以不同规模的数据集，利用传统 ID3 算法和优化的 ID3 算法构造决策树。在每一个数据集中，分别对每种算法进行 20 次计算时间的测试，取 20 次计算时间的平均值作为算法构造决策树所花费的时间。然后通过上述实验数据，对比分析传统 ID3 算法和优化的 ID3 算法在构造决策树花费的计算时间上的差异程度。其实验结果如图 3-5 所示。

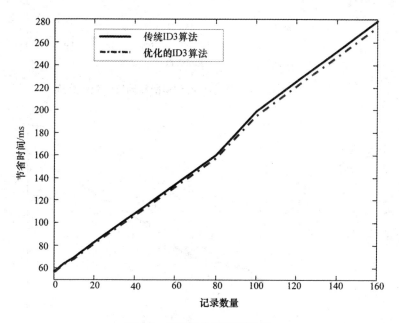

图 3-5　两算法运行时间比较

从图 3-5 可以看出，在不同规模的数据集中，优化的 ID3 算法构造决策树所用的计算时间比传统 ID3 算法构造决策树所用的时间都少，这充分说明使用优化的 ID3 算法能够以更高的效率构造决策树。

根据图 3-5 表明的传统 ID3 算法和优化的 ID3 算法构造决策树所用的时间差异，得到如图 3-6 和图 3-7 所示的结果。

从图 3-6 和图 3-7 可以看出，在构造决策树的过程中，随着数据集规模的增大，优化的 ID3 算法与传统 ID3 算法相比，所节省的计算时间增多了，算法的高

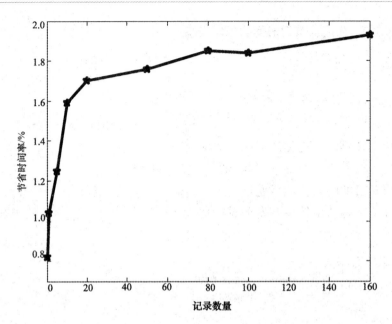

图 3-6 优化的 ID3 算法节省时间率随数据集的变化趋势

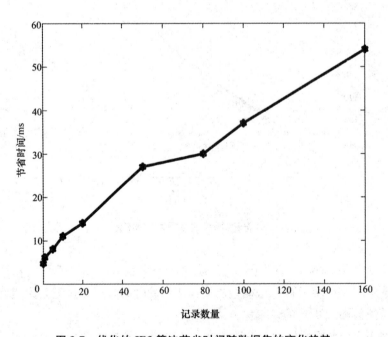

图 3-7 优化的 ID3 算法节省时间随数据集的变化趋势

效性也很明显。这充分说明在处理较大规模数据集的决策树构造过程中，优化的
ID3 算法在效率上比传统 ID3 算法有更大的优越性。

3.5.6　实验结论

从上述实验结果可以得出如下结论：与传统 ID3 算法相比，优化的 ID3 算法有较好的平均分类精确度，同时构造的决策树叶子数较少，从而有较低的复杂性。在相同规模的数据集中，优化的 ID3 算法构造决策树所用的计算时间比传统 ID3 算法构造决策树所用的计算时间少，充分说明优化的 ID3 算法提高了决策树构造的效率。特别是随着数据规模的增大，优化的 ID3 算法的效率和性能就越好，算法的优越性也就越明显。

3.6　本章小结

本章主要讨论了文本分类问题，包括文本分类的定义和常用的分类器，并在粗糙集理论基础上对文本分类加以研究，提出了基于辨识集的属性约简算法以及基于规则综合质量的属性值约简算法，并把它们用于文本分类规则的提取。实验表明，采用所提方法获得的分类规则用于所给实验数据集时具有较高的准确度与召回率。在本章的最后还利用粗糙集和高等数学理论对传统的 ID3 算法进行优化，实验表明，优化的 ID3 算法无论在平均准确率、平均叶子数还是在时间性能上都优于传统 ID3 算法。

第4章 文本聚类

4.1 引　言

文本聚类是文本挖掘领域的又一个热门研究方向，目前它被广泛应用于搜索引擎、信息检索以及分类器构建等方面。所谓聚类（clustering），是指把一些对象按照某个相似度度量方法把它们划分为若干个类别，其中类内对象间的相似度较高，类间对象间的相似度低。文本聚类分析就是利用某个或某些聚类算法来寻找所需要的类别，其基本依据就是把彼此之间相似度高的那些样本分为一类，而把彼此之间相似度较低的那些样本明确地加以区分，从而形成若干个类簇，同一类簇中的对象间相似，不同类簇间的对象差异较大。在实际应用中经常把一个类簇中的对象看作一个整体。

本章首先介绍了文本聚类的概念、主要聚类方法；然后针对 K-Means 算法以及它的变种会因初始聚类中心的随机性而产生波动性较大的聚类结果这个问题，提出了一个改进的模拟退火算法并用它来优化初始聚类中心，得到一种适合对文本数据进行聚类分析的算法。该算法把改进的模拟退火算法和 K-Means 算法结合在一起，从而达到既能发挥模拟退火算法的全局寻优能力，又可以兼顾 K-Means 算法的局部寻优能力，较好地克服了 K-Means 算法对初始聚类中心敏感、容易陷入局部最优的不足。实验表明，该算法不但生成的聚类结果质量较高，而且其波动性较小。

由于缺乏类信息，文本聚类中无监督文本特征选择问题一直很难较好地被加以解决。为此，本章对这个问题进行了研究并提出了两种新的无监督文本特征选择方法：①结合文档频和 K-Means 的无监督文本特征选择方法。该方法着重使用分类领域的有监督文本特征选择方法来解决文本聚类领域的无监督文本特征选择问题。②结合新型的无监督文档频和基于论域划分的无决策属性的决策表属性约简算法的无监督文本特征选择方法。该方法首先使用所提出的新型的无监督文档频进行文本特征初选以过滤低频的噪声词，然后再使用所给的基于论域划分的无决策属性的决策表属性约简算法进行文本特征约简。实验结果表明，这两种方法在一定程度上都能够解决无监督文本特征选择问题。

4.2 文本聚类简介

文本聚类即无监督文本分类，是文本挖掘领域中重点研究的内容之一，它是在没给定类别信息的情况下，把一个文本集划分成若干个类的过程，而且使得同一个类内的文本彼此之间尽可能有较小的差异，而与其他类中的文本之间彼此尽可能有较大的差异。其定义如下：

定义 4.1[文本聚类(Text Clustering)] 已知 $D=\{d_1, d_2, \cdots, d_n\}$ 为未知类别文本集，使用聚类算法对其进行划分，使得每个文本都被标识上类别，此时类别集合为 $C=\{c_1, c_2, \cdots, c_k\}$，并且使得目标函数 $f(D, C)$ 值最小。

4.3 主要聚类方法

一般来说，文本聚类方法通常分为划分聚类方法、层次聚类方法、基于密度的聚类方法、基于模型的聚类方法等几大类[124~126]。本章仅简单介绍以下几类，有兴趣的读者可以参阅文献[124~126]。

4.3.1 划分聚类方法

划分聚类方法思想十分简单：给定一个具有 n 个文本的文本集 D，然后使用划分聚类算法将这个文本集划分为 $k(k \leqslant n)$ 个聚类或者簇。划分聚类算法在执行过程中，首先会随机选择一个初始划分，然后使用迭代重定位技术，将对象在不同划分间移动以此来改变各个划分，直至达到局部最优。这类聚类方法中最具代表性的就是 K-Means 算法，该算法原理简单、易理解，应用较广泛。

4.3.2 层次聚类方法

层次聚类方法将文本集组织为一棵聚类树，然后使用自底向上或自顶向下的方式对树进行划分。根据划分的方式不同，采用自底向上方式划分的叫凝聚层次聚类方法，采用自顶向下划分方式的叫分裂的层次聚类方法。对凝聚的层次聚类方法来说，刚开始时每一个文本对象都是一个独立的组，然后根据某种凝聚原则合并相似度较大的组，直至剩下一个组或者达到给定的终止条件。分裂的层次聚类方法刚好与之相反，刚开始时它将全部文本视为一个组，然后使用某种分裂原则将一个组分裂为两个更小的组，直至满足终止条件。层次聚类方法最大的特点就是不可逆性，也即一旦一次合并或者分裂完成，就不能被撤销。层次聚类方法中最具代表性的是 Single-Link 算法，该算法是一种凝聚的层次聚类算法，很多层次聚类算法是在它的基础上衍生而来。

4.3.3　基于密度的聚类方法

基于密度的聚类方法也是一种应用较广的聚类方法，该方法将簇看成数据空间中被低密度区域分割开的高密度对象区域，只要邻近区域的密度超过某个阈值，就继续聚类，因而能够发现任意形状的类簇。基于密度的聚类方法的典型代表是 DBSCAN 方法，它常被用于文本聚类，能够发现任意形状的簇。

4.3.4　基于模型的聚类方法

基于模型的聚类方法的基本过程就是优化给定的数据和某些数学模型之间的适应性，其基本假设为：给每一个类簇假定一个数学模型，然后寻求数据与给定模型的最佳拟合。该方法的典型代表是自组织特征映射（Self-Organizing Feature Map，SOM）人工神经网络聚类方法[127]，其工作原理是将任意维输入模式在输出层映射成一维或二维离散图形并保持其拓扑结构不变。SOM 聚类算法是一种无监督聚类算法，具有自动对输入模式进行聚类的优点。

除了上述几种聚类方法外，还有很多其他聚类方法，如核聚类算法，它将原始数据通过核函数映射到高维空间中，在高维空间中再进行聚类，这样就把在低维空间中不容易区分的部分在高维空间放大从而进行更为准确的聚类，提高了聚类效果和聚类速度。另外还有基于遗传算法的聚类方法，该方法使用 MGA，把聚类中心作为问题的解，进而将聚类中心的向量映射到基因空间，所有聚类中心组成了染色体，之后再利用 MGA 算法进行聚类。

4.3.5　常用文本聚类算法比较

常用于文本聚类的算法有 K-Means 算法、Single-Link 算法、DBSCAN 算法及 SOM 算法，它们是划分聚类方法、层次聚类方法、基于密度的聚类方法和基于模型的聚类方法的典型代表[128]，它们都是以相似度为基础进行聚类的，表 4-1 对它们进行了详细的比较与总结。

表 4-1　常用文本聚类算法性能比较

特点	K-Means 算法	DBSCAN 算法	Single-Link 算法	SOM 算法
对象形状	凸形	任意	任意	任意
对象属性值	数值属性	数值属性	无要求	数值属性
聚类粒度	与 k 值和初始点有关	与阈值有关	灵活	与学习速度有关
相似性度量	距离或相似度	密度函数	距离或相似度	距离
初始条件	有	无	无	有
终止条件	精确	精确	不精确	不精确
能否适应动态数据	可以	可以	不可以	可以
噪声影响	有影响	有影响	无影响	影响不大
算法效率	一般	一般	较高	一般
对输入数据的敏感性	不太敏感	敏感	不太敏感	敏感
处理高维数据的能力	较低	一般	一般	较高
聚类结果优化	重建并使之优化	可以优化	不可优化	优化
可伸缩性	一般	一般	较高	一般
时间复杂度	$O(n)$	$O(n\log n)$	$O(n^2 \log n)$	$O(n^2)$
空间复杂度	$O(k)$	$O(n^2)$	$O(n^2)$	$O(n^2)$

4.4　K-Means 算法的改进

4.4.1　K-Means 算法及其存在的问题

K-Means 聚类算法属于平面划分方法，其基本过程如下：①从给定的数据集中任意选取 k 个对象作为初始聚类中心；②根据类中对象的平均值，将每个对象重新赋给最相似的类；③更新类的平均值；④反复迭代②③直到簇中心不发生变化。由于它易于实现、理论上可靠、速度快、对数据依赖度低，而且适用于文本、图像特征等多种数据的聚类分析，因而在文本聚类中得到了广泛的应用。而且最近的实验结果[127~129]改变了层次型聚类算法优于基于划分方法的传统观点，原因在于层次型的聚类算法过于依赖于最近邻（Nearest Neighbor）来寻找类簇。

K-Means 算法的缺点是：①算法可能会很快终止，从而获得一个局部最优解；②初始聚类中心是随机选择的，聚类结果会有所波动，由于该算法往往应用于使用者也无法评判聚类质量的数据，这种波动性在应用中将难以接受，因此，提高聚类结果对评判聚类质量和提高稳定性具有重要价值。

文献[130]指出：对于初始聚类中心的选择，并没有一个简单、普遍适用的办法。大多数采用的方法有两种：①随机选择；②使用者指定。对于第一种方式，由于是随机选取，也就可能选取一些"孤立点""簇边缘点"作为初始聚类中心，也可能在一个簇中同时选取了两个以上的对象作为初始聚类中心，这样聚类结果是不理想的；对于第二种方式，因为用户对待聚类的文档集了解有限，指定的初始聚类中心具有主观性、随意性，同时给用户增添了负担。此外，还有人使用多组随机挑选的初始中心来聚类，最后把最好的聚类结果作为最终结果，这个方法虽然有助于消减随机方式带来的偏差，但当 k 值较大时就不适用了，而且增加了计算量。

既然在 K-Means 中初始聚类中心十分重要，那么什么样的初始聚类中心才算是好的呢？假设已经知道数据集的分布情况，一般认为一个优良的初始聚类中心集应该满足以下两个条件：

(1)选择的初始聚类中心各属于不同的类，即任意两个初始聚类中心不能属于同一类。

(2)选择的初始聚类中心能够作为该类代表，即应该尽量靠近类中心。

由于 K-Means 算法对初始聚类中心敏感，容易陷入局部最优点。如果能够得到一个优良的初始聚类中心，就可以很好地解决这个问题。模拟退火算法经过实践证明，其在求解组合最优化问题时，经过模拟金属退温过程，能够以很大的概率收敛到最优解或满意解，具有较好的全局寻优能力，其在求解速度和质量上远远超过常规方法，更重要的是模拟退火算法具有健壮性，最终结果与初始解的选择依赖性不大。因此，本章提出用模拟退火算法来解决前面提出的问题。把模拟退火算法与 K-Means 结合起来，既能发挥模拟退火算法的全局寻优能力，又可以兼顾 K-Means 的局部寻优能力以及提高收敛速度，同时也可解决初始中心点选择问题，从而更好地解决聚类问题。

4.4.2 模拟退火算法

4.4.2.1 模拟退火算法简介

模拟退火算法（Simulated Annealing Algorithms，SAA）最早的思想是由 N. Metropolis[131]等于 1953 年提出的，S. Kirkpatrick[132]等于 1983 年成功地将退火思想引入组合优化领域。模拟退火算法是一种启发式随机搜索方法[133]，它在搜索策略上与传统的随机搜索方法不同，不仅引入了适当的随机因素，而且引入了物理系统退火过程的自然机理。它在迭代过程中不仅接受使目标函数值变"好"的点，而且能够以一定的概率接受使目标函数值变

"差"的点，接受概率随着温度的下降逐渐减小。由于在整个解的邻域范围内取值的随机性，可使算法跳出局部优解而获得全局最优解，有利于提高求得全局最优解的可靠性。

SAA 算法从选定的初始解开始，借助控制参数 t 递减产生的一系列 Mapkob 链，利用一个新解产生装置和接受准则，重复进行"产生新解—计算目标函数差—判断是否接受新解—接受或舍弃新解"，不断对当前解迭代，从而使目标函数达到最优。由于固体退火必须缓慢降温才能使固体在每一温度下都达到热平衡并最终趋于平衡状态，因此，控制参数 t 的值必须缓慢衰减，才能确保模拟退火算法最终趋于优化问题的整体最优解[134]。

4.4.2.2 传统模拟退火算法存在的局限

虽然模拟退火算法存在有限度地接受劣解、可以跳出局部最优解、原理简单、使用灵活、适合求解出优化问题的全局最优解或近似全局最优解等优点，但它明显地存在以下缺点：

（1）求解时间太长。在变量多、目标函数复杂时，为了得到一个好的近似解，控制参数 t 需要从一个较大的值开始，并在每一个温度值 t 下执行多次 Metropolis 算法，因此迭代运算速度慢。

（2）温度 t 的初值和减小步长较难确定。如果 t 的初值选择较大，步长减小较慢，虽然最终能得到较好的解，但算法收敛速度太慢；如果 t 的初值选择较小，步长减小过快，则很可能得不到全局最优解。

（3）搜索过程中由于执行概率接受环节而遗失当前遇到的最优解。

4.4.2.3 改进的模拟退火算法（ISAA）

为使传统模拟退火算法更好地服务于 K-Means 算法，需要对其不足进行改进，本章改进思想为：在算法搜索过程中记住中间最优解并即时更新，增加了这种记忆能力的模拟退火算法已成为一种智能化的算法；设计一个新的温度更新函数：如果在某一温度下状态被接受的次数较多，那么此时温度降低的幅度应该大些，否则温度降低的幅度应该小些，这样可以保证在温度更新时有一定的自适应性；设置双阈值使得在尽量保持最优性的前提下减少计算量，即在各温度下，当前状态连续 maxstep2 步保持不变则认为 Metropolis 抽样稳定，若连续 maxstep1 次退温过程所得的最优解均不变则认为算法收敛。其过程如下[135]：

1. 改进的退火过程

步骤 1：给定初始温度 t_0，随机产生初始解 S，令最优解 $Best = S$，当前状态 $s(0) = S$，$p = 0$，$i = 0$。

步骤 2：令 $t=t_i$，以 t、$Best$、$s(i)$ 为参数调用改进的抽样过程，返回其得到的最优解 $Best0$ 和当前状态 s^*，令 $s(i+1)=s^*$。

步骤 3：if $f(Best)<=f(Best0)$，then $p=p+1$；Else $Best=Best0$，$p=0$。

步骤 4：退温：$\beta=\text{acceptnum}/(\text{maxstep}+\text{acceptnum})$；$t_{i+1}=e^{-\beta}t_i$；$i=i+1$。

步骤 5：if $p>=$maxstep1 then goto 步骤 6；Else goto 步骤 2。

步骤 6：以 $Best$ 为最终解输出，算法结束。

2. 改进的抽样过程

步骤 1：$k=0$，令初始状态 $s^*(0)=s(i)$，初始最优解 $Best0=Best$，$q=0$，acceptnum$=0$。

步骤 2：由状态 $s^*(k)$ 利用状态函数产生新状态 s，计算 $\Delta f=f(s)-f(s^*(k))$。

步骤 3：if $\Delta f<=0$ then $s^*(k+1)=s$，$Best0=s$ ，$q=0$，acceptnum$=$accept$+1$；

if $\Delta f>0$ then

if s 以概率 $\exp(-\Delta f/t)$ 被接受 then

$s^*(k+1)=s$，$q=0$，acceptnum$=$acceptnum$+1$；

else $s^*(k+1)=s^*(k)$，$q=q+1$；

步骤 4：$k=k+1$；If $q>=$max step 2 then goto 步骤 5 ；Else goto 步骤 2。

步骤 5：以 $S^*=s^*(k)$ 为当前状态、acceptnum 为接受次数、$Best0$ 为最优解输出到退火过程，该算法结束。

4.4.2.4 ISAA 算法性能验证

为了验证 ISAA 算法的性能，利用 SAA 算法和 ISAA 算法对下面约束优化问题分别进行计算，该约束优化问题的目标函数是非线性的，由 5 个自变量、6 个非线性约束和 10 个上下界约束组成，其中 x_2 和 x_4 没有显示地包含在目标函数里。约束优化问题如下。

目标函数：$5.357\ 854\ 7x_3^2+0.835\ 689\ 1x_1x_5+37.293\ 239x_1-40\ 792.141$。

约束条件：$0\leqslant85.334\ 407+0.005\ 685\ 8x_2x_5+0.000\ 26x_1x_4-0.002\ 205\ 3x_3x_5\leqslant92$，$90\leqslant80.512\ 94+0.007\ 131\ 7x_2x_5+0.002\ 995\ 5x_1x_2+0.002\ 181\ 3x_3^2\leqslant110$，$20\leqslant9.300\ 961+0.004\ 702\ 6x_3x_5+0.001\ 254\ 7x_1x_3+0.001\ 908\ 5x_3x_4\leqslant25$，$78\leqslant x_1\leqslant102$，$33\leqslant x_2\leqslant45$，$27\leqslant x_3\leqslant45$，$27\leqslant x_4\leqslant45$ ，$27\leqslant x_5\leqslant45x_1$。

算法中参数 maxstep1 设为 20，maxstep2 设为 30，对这个问题分别独立运行 50 次。实验对比结果见表 4-2。

表 4-2　传统 SAA 和 ISAA 性能比较

内容	目标值	最终迭代次数	x_1	x_2	x_3	x_4	x_5
SAA	−30 486.11	1 950 202	78.00	33.67	30.75	43.63	35.76
ISAA	−31 023.78	402 432	78.00	33.001 6	27.092 3	44.997 1	44.910 6

由表 4-2 可以看出，传统 SAA 算法的抽样次数要比改进算法 ISAA 多 4 倍，而目标结果还不如改进的算法，这可以说明本次算法改进是成功的。

4.4.3　使用 ISAA 对 K-Means 改进

改进的 K-Means 算法记为 IK-Means 算法，其主要思想是：对于数据对象集，①使用上面改进的模拟退火算法 ISA 选取 k 个对象作为初始的簇中心；②根据簇中对象的平均值，将每个对象重新赋给最相似的簇；③更新簇的平均值；④反复迭代②③直到簇中心不发生变化[136]。

4.4.4　实验仿真

为了测试 IK-Means 算法的聚类效果，本章在雅虎网（http：//cn. yahoo. com）、中华网（www. china. com）、新浪网（www. sina. com. cn）这三个网站上共下载了 1 000 篇文章作为实验语料。对这些网页语料进行一些简单的处理后用作本次实验的数据集。这一语料经过人工处理后，进行了人工分类，最后得了文学、政治、艺术、医药、天文、数理、生化、社会、农林、军事、气象、法制、IT 共 13 个类别。处理后每篇文章大约 1 500 字。从每类中随机选择 80 篇文章，共 960 篇文章作为聚类算法的测试集。本次实验使用了准确度和召回率作为评价指标。为了观察改进后算法聚类结果的波动性，重复做了 15 次实验，结果如图 4-1 所示。

从图 4-1 来看，改进的 K-Means 算法在召回率和准确率上都有很大的提高，并且由于初始中心选择问题得到较好的解决，聚类结果波动性较小，这证明本章设想是正确的，同时也为使用 K-Means 算法解决一些问题增加了更好的实用性。

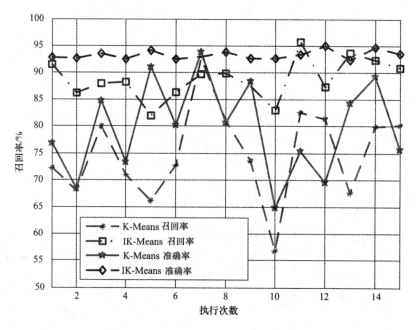

图 4-1 K-Means 和 IK-Means 性能比较

4.5 无监督文本特征选择方法研究

在文本聚类中，文本通常采用向量空间模型来表示。在这个模型中，每一个文本特征都作为文本特征空间坐标系的一维，每一个文本是文本特征空间中的一个向量，这种表示方法简单、易理解，同时使文本向量空间变得非常高维且稀疏。高维稀疏使文本聚类的性能急剧下降，不仅需要花费很长的时间，而且聚类的结果也很难令人满意。为了解决这个问题，最有效的方法就是通过文本特征选择来进行降维。有监督文本特征选择方法已经在文本分类中得到了十分广泛的应用，如 IG 和 CHI，这两种高效的有监督文本特征选择方法能移走多达 98％的单词而且不降低文本分类的性能[76]。文献[76]系统地研究了用于文本聚类的无监督文本特征选择方法，通过对文档频数、单词权、单词熵等多种无监督文本特征方法进行对比分析，发现这些无监督文本特征选择方法在不降低聚类性能的前提下通常只能移走 90％左右的单词，如果再移走更多的单词，文本聚类的性能就会急剧下降。因此，用于文本聚类的无监督文本特征选择仍是一个亟待进一步研究的问题。

4.5.1　几种常用的无监督文本特征选择方法

在文本聚类中最为常用的几种无监督文本特征选择方法有文档频、单词权、单词熵和单词贡献度[76]，下面对它们做一下简单介绍，具体可参阅文献[76]。

4.5.1.1　文档频

文档频是最易理解的一种无监督文本特征选择方法。某个词的文档频是指在整个文本集中出现该词的文本数。文档频的理论前提是：词在某个类中出现次数过多或过少对问题是无贡献的，删除这些单词对分类的结果不但没有负面影响，而且可能会提高分类结果，尤其是在那些稀单词恰好是噪声单词的情况[76]。

文档频的缺点是它仅考虑文本特征出现的文档数而忽略了文本特征在文档中的发生频率，其优点是速度十分快，其时间复杂度同文本数呈线性关系，为 $O(n)$，因此非常适用于海量文本数据集的文本特征选择[137]。

4.5.1.2　单词权(TS)

单词权(Term Strength，TS)由 Wilbur 和 Sirotkin 于 1992 年提出[138]，被用于删除对文本检索没有贡献的单词。该方法的主要思想是：单词在相关的文本中出现的频率越高，在不相关的文本中出现的频率越低，该词的重要性就越大。

在单词权方法执行过程中，由于要计算所有文本对之间的相似度，因此，该算法的时间复杂度较高，最低为 $O(n^2)$。不过，由于单词权不依赖于类信息，是一种无监督的文本特征选择算法，所以能用于文本聚类。

4.5.1.3　单词熵(EN)

单词熵(Entropy-based Feature Ranking，EN)是 Dash 和 Liu[139] 在 2000 年提出的专门用于聚类问题的文本特征选择方法。这个方法的基本思想为：不同的单词对数据的结构影响是不同的，单词重要性越大对数据的结构影响也就越大。该方法的缺点在于它的时间复杂度太高，为 $O(m \times n^2)$，作用于海量数据时其性能较低。

4.5.1.4　单词贡献度(TC)

单词贡献度是 Liu 等[140]于 2003 年提出的一个新方法，基本思想为：单词对整个文本数据集相似性的贡献程度越大其重要性也就越大。其计算公式为：

$$TC(t) = \sum_{i \neq j} f(t, d_i) \times f(t, d_j) \tag{4-1}$$

式中，$f(t, d)$ 表示单词 t 在文档 d 中的权重，该权重通常由这个单词词频的对数乘以这个单词的文档频并最后进行归一化处理而获得[141]。文档频的使用增强了低文档频单词的贡献，同时削弱了较高文档频单词的贡献。通过进一步分析式(4-1)发现，单词的文档频越高其被累加的次数也就越多，从而平衡了单词权重和单词文档频之间的矛盾：那些只出现在一个文本中和出现在所有文本中的单词的贡献度都将为零，而那些相对出现较多并且具有较高权重的单词的贡献度较大。

4.5.2 DFKM方法

4.5.2.1 DFKM方法思想

有监督文本特征选择在文本分类中得到了较为成功的应用，特别是 IG 和 CHI 这两种有监督文本特征选择方法能移走多达98％的单词而且能略微提高文本分类的性能[142,143]。但是，有监督文本特征选择却因为依赖类信息而很少被应用于文本聚类[144]，即使把它们应用于文本聚类，也只能在不降低文本聚类性能的前提下最多移走90％左右的单词，并且随着移走更多的单词，文本聚类的性能就会急剧降低[136]。在这种情况下，就很自然地产生了一个疑问：如果将那些在文本分类中被成功应用的有监督文本特征选择方法用于文本聚类，是否能较大地提高文本聚类的性能？对这个疑问，在文献[140]中查阅到 Tao 等人做了一组较为理想的实验。在实验中他们事先查看了文档的类别信息，然后使用 IG 和 CHI 这两种有监督文本特征选择方法来进行文本特征选择。实验结果表明，这两种有监督文本特征选择方法不但能够移走高达98％的单词，而且能持续提高文本聚类的性能。

有监督文本特征选择无法直接应用于文本聚类，因为这类方法需要依赖文档的类别信息，而文档的类别信息正是文本聚类所要解决的问题。这听起来是个矛盾，但是这种矛盾传达了一个新的启发信息：能否在聚类的结果上使用现存的有监督文本特征选择方法，然后在无监督文本特征选择的基础上进行重新聚类？下面对这个问题进行研究。

文献[145]表明，文档频在删除90％单词时，它的性能与 IG 和 CHI 的性能相当，效率十分高，为此，本章在初选聚类文本特征时就采用该方法。在众多聚类算法中，由于 K-Means 算法过程简单、易理解，因此本章使用该算法来聚类。对于将要使用的有监督文本特征选择方法，本章选择降维效果较好的 IG 方法。

根据上面的选择，本章进行了一次实验，其过程为：首先使用文档频在准备聚类的文档集上进行文本特征选择，然后利用 K-Means 算法进行多次不同的聚类，紧接着在每一个聚类结果上使用 IG 进行文本特征选择并再次进行聚类。这个过程可以循环多次，直至达到满意的聚类效果。从实验结果中发现，再次聚类的结果几乎完全好于原始的聚类结果，而且原始聚类的结果越好，也即越接近理想的分类结果，在其基础上使用有监督文本特征选择方法选择出来的文本特征也就越接近在理想情况下使用相同方法所选择出来的文本特征，进而再次聚类的结果也就越好。

上述思想虽然十分简单，但是在实际执行的过程中面临很大的问题：第一，对待聚类的海量文档来说，具体聚成多少个类别很难设定；第二，各类别文档在大多数情况下分布是极不均衡的，有的类别文档数可能很大，而有的类别文档数又可能小，甚至小到可以作为噪声来处理。在这种情况下，每个聚类结果都具有很大的不确定性，它们可能把一个大类分割成很多小类，也可能把很多小类聚合成一个大类，而目前的各种方法又很难确定哪一个聚类结果更接近实际的分类。因此在单次聚类结果上进行的文本特征选择也具有不确定性，选出的文本特征集质量高就会较大提高聚类性能，反之就会降低聚类性能。

为了解决这两个问题，在文献[146]中查到，Fred 和 Jain 为了突破 K-Means 算法的限制，提出了一种较好的方法，该方法通过合并在不同初始条件下产生的多个不同 K-Means 聚类结果来得到最后的聚类结果，它不但能够有效地消除单次 K-Means 聚类结果的随机性，而且能够发现任意形状的簇。受该方法启发，实验发现 K-Means 算法所得到的解是一个局部最优解，它能从不同角度刻画数据的分布规律，不同解之间多多少少存在一种互补和加强的关系，因此，通过合并在不同 K-Means 聚类结果上所选择的文本特征集，可以很好地消除在单次聚类结果上进行文本特征选择的随机性。正是基于这一点，提出了用于文本聚类的无监督文本特征选择方法——结合文档频和 K-Means 的无监督文本特征选择方法（Unsupervised Text Feature Selection Method Combined Document Frequency and K-Means，DFKM）[147]。这个方法首先使用文档频进行文本特征初选，然后通过指定不同的 K 值和初始点来获得不同的 K-Means 聚类结果，紧接着再在不同聚类结果上使用 IG 来获得文本特征子集，并把这些文本特征子集合并来获得最终的文本特征集，最后对所得的文本特征集进行微调以突出那些类区分能力较大的文本特征，并把调整后的文本特征子集作为最终的文本特征集。

之所以在最后加一个文本特征调整模块，主要是因为不同的词对分类的贡献是不同的，如名词的分类能力比助词高。对某些文档向量进行调整时需突出分类重要词。这种调整方法的特点是：①突出分类重要词，突出文档本质意义；②调整方法简单易行，只要扫描一遍文档词向量即可。

4.5.2.2 DFKM 方法描述

输入：N 个待聚类的训练文档，最小文档频 MIN_DF，最大文档频 MAX_DF，最大聚类个数 MAX_K，最小聚类个数 MIN_K，聚类次数 M，文本特征选择方法 IG。

输出：一个集合 P，它包含了所选择的文本特征子集，初始 P 为空。

步骤 1：对整个文档集进行自动分词，分词时采用的是中科院计算所的开源项目"汉语词法分析系统 ICTCLAS"系统。

步骤 2：根据停用词表去除停用词，此为第一次文本特征过滤，并统计词频和单词的文档频。

步骤 3：移除 DF 值大于 MAX_DF 和低于 MIN_DF 的词，进行第二次文本特征过滤得到文本特征集 Q。

步骤 4：For($j=1$；$j<=M$；$j++$)。

步骤 4.1：随机地从[MIN_K，MAX_K]中选择一个数作为 K。

步骤 4.2：从文本特征集 Q 中随机选择 K 个作为初始中心点，并依次进行 K-Means 聚类，得到类集 C。

步骤 4.3：以类集 C 为基础，利用文本特征选择方法 IG 进行文本特征选择，得到文本特征子集 H。

步骤 4.4：$P=P+H$。

步骤 5：对文本特征集 P 进行微调，以便突出哪些贡献在较大的文本特征词，然后输出调整后的文本特征集 P。

从方法流程上看，该方法相当于一个适用于聚类领域的文本特征选择系统框架，在步骤 4.3 中可以用其他任何有监督文本特征选择方法来代替 IG 方法。当然步骤 4.1 和步骤 4.2 也可以用其他聚类方法来代替，这里之所以用 K-Means 是因为该聚类方法简单易理解。总的来说，本章提供的是一种适用于文本聚类领域的文本特征提取框架。

4.5.2.3 DFKM 方法实验仿真

本次实验从 http://www.daviddlewis.com/resources/test collections 下载了一个语料集 Reuters-21578，该语料集中的每个文档都有类别信息，之所以选择有类别信息的语料库，是为了聚类后有个对比。分别使用文档频（可视为 $M=0$）和本节提出的方法并使用 K-Means 算法进行聚类，其中本章方法进行了 16 次实验仿真，也即参数 M 分别为 0 到 15。其实验结果如图 4-2 所示。

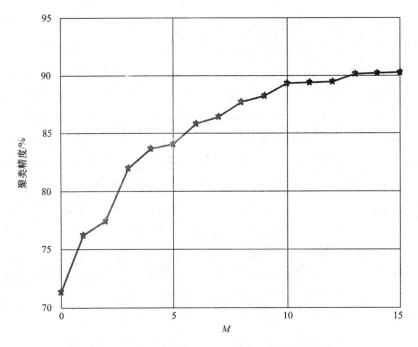

图 4-2　聚类精度随 M 增加的变化趋势

从图 4-2 可以看出，随着 M 的增加，聚类精度也增加，并且 M 达到一定次数的时候聚类精度就几乎不会再增加了，这也符合事实，因为聚类精度不可能随着 M 的无限增大而增大，毕竟所采用的聚类算法也有自身的不足。这里要做个说明，这个图并不是用来说明聚类算法的精度大小，而是用来证明本次所提出的方法思想，即聚类算法的精度是随着 M 的增加而增加并最终趋于一个平衡状态。

4.5.3　NUDFDD 方法

无监督文本特征选择问题是一个在无类别信息情况下的文本特征约简问题，而无决策属性的决策表属性约简问题也是在没有决策属性（即无类别信息）情况下的属性约简问题，这样看来，它们本质是相同的。因此，可把无决策属性的决策表属性约简用于文本聚类的文本特征选择。为此，提出了结合新型的无监督文档频和基于论域划分的无决策属性的决策表属性约简算法的无监督文本特征选择方法（Unsupervised Text Feature Selection Method Combined New Unsupervised Document Frequency and Domain Division，NUDFDD），该方法首先使用所提的新型无监督文档频进行文本特征初选以过滤低频的噪声词，然后使用所给的基于论域划分的无决策属性的决策表属性约简算法进行文本特征约简。实验结果表明，这种方法能在一定程度上解决无监督文本特征选择问题。

4.5.3.1 新型的无监督文档频

4.5.1.1 节指出，文档频是一种速度十分快、其时间复杂度同文本数呈线性关系的无监督文本特征选择方法，它非常适用于海量文本数据集的文本特征选择[147]。然而，这个方法使用时仅观察文本特征出现的文档数，并不关心文本特征在文档中出现的次数。例如，对于文本特征 a 和 b 来说，如果它们的文档频相等而 a 在各个文档中出现的次数要高于 b，那么按实际情况来说 a 要比 b 重要些，可是该方法认为它们的重要性相同，这就使得利用该方法进行文本特征选择时存在一定的不足，为此，本章定义了一个新型的无监督文档频。

定义 4.2 文本特征的新型无监督文档频表示文档中出现文本特征次数不少于给定阈值 n 的文档数，用符号 $NUDF_n$ 表示，如 $NUDF_4(t)$ 表示文档集中出现文本特征 t 的次数不少于 4 次的文档数。

在文本聚类中，可以首先使用这个新型无监督文档频过滤掉那些低频噪声词，初步降低文本向量空间模型的维数，以提高后面的无监督文本特征选择方法的运算速度。

4.5.3.2 基于论域划分的无决策属性的决策表属性约简算法

本节以粗糙集属性约简理论为基础，对无决策属性的信息系统从集合论的论域划分方面进行研究，提出了一种适用于无决策属性的信息系统的启发式属性约简算法。

1. 相关基本知识

由于篇幅有限，本节仅介绍紧密相关的粗糙集知识，其他内容请参阅文献[47]。

定义 4.3 对于决策表 $S=\langle U,\ C\cup D,\ V,\ f\rangle$，如果决策属性集 $D=\varnothing$，此时决策表称为无决策属性的决策表，记作 $S=\langle U,\ C,\ V,\ f\rangle$。

定义 4.4 对于每个属性子集 $B\subseteq C$，定义一个不可分辨二元关系(不分明关系) $IND(B)$：$IND(B)=\{(X,\ Y)\mid (X,\ Y)\in U\times U,\ \forall b\in B(f(b,\ X)=f(b,\ Y))\}$。$IND(B)$ 是等价关系，由这种等价关系导出的对 U 的划分记为 $U/IND(B)$[47]。

定义 4.5 无决策属性的信息系统 $S=\langle U,\ C,\ V,\ f\rangle$ 的属性约简问题是：求 $R\subseteq C$，使得 $J=\min\mid R\mid$ 且 $U/IND(R)=U/IND(C)$。

2. 基于论域划分的属性重要性

对于无决策属性的决策表 $S=\langle U,\ C,\ V,\ f\rangle$，设已选择的属性子集 $R\in C$ 和待选择的条件属性 $c\in C-R$ 产生的划分为：$\pi_R=U/IND(R)=\{X_1,\ X_2,\ \cdots,$

X_r}，$\pi_c = U/c = \{Y_1, Y_2, \cdots, Y_t\}$，那么，两个划分的积划分 π（包含空集）[148]：

$$\pi = \pi_R \bullet \pi_c = U/IND(R \cup c) = \begin{Bmatrix} E_{11} & E_{12} & \cdots & E_{1t} \\ E_{21} & E_{22} & \cdots & E_{2t} \\ \vdots & \vdots & & \vdots \\ E_{r1} & E_{r2} & \cdots & E_{rt} \end{Bmatrix} \tag{4-2}$$

式中，$E_{ij} = X_i \cap Y_j$，$i = 1, 2, \cdots, r$，$j = 1, 2, \cdots, t$，满足 $X_i = \bigcup\limits_{j=1}^{t} E_{ij}$，$Y_j = \bigcup\limits_{i=1}^{r} E_{ij}$。

增加 R 集的等价关系，即加细 R 集的划分，则式（4-2）中不为空的元素越多，说明对 R 集的加细越多，R 集的秩 rank（划分的块数）增加越多。

对于无决策属性的决策表 S 中待选择的条件属性 $c \in C - core(C)$，首先令 $R = core(C)$，$U/IND(R) = \{X_1, X_2, \cdots, X_r\}$，$U/c = \{Y_1, Y_2, \cdots, Y_t\}$，因此可获得如式（4-2）所示的 E 阵，对 E 阵进行以下化简和定义：

$$E_{ij} = X_i \cap Y_j \quad E_{1ij} = \begin{cases} 0, E_{ij} = \varnothing \\ 1, E_{ij} \neq \varnothing \end{cases} \Rightarrow E_{2i} = \sum_{j=1}^{t} E_{1ij} \Rightarrow E_{3i} = \begin{cases} 0, E_{2i} = 1 \\ E_{2i}, E_{2i} > 1 \end{cases}$$

条件属性集的划分达到论域上的最大划分，当 $D = \varnothing$ 时获取系统的约简集，实际就是在待选择的属性集中找出尽可能最多地细分核属性（或已选择的属性子集）的条件属性，使获得的约简集属性数最少且同样达到最大划分的结果[148]。如果以划分块为基本信息粒，则可建立相对于核属性（或当前已选择的属性子集 R）的最大差异度作为属性重要性的启发式规则。最大差异度以待选择的属性划分与已选择的属性集 R 的划分的积划分可否使新的 R 集秩产生最大增加为计算值。

定义 4.6　属性 c 关于 R 的最大差异度属性重要性为：

$$sig(c) = \sum_{i=1}^{r} E3_i \tag{4-3}$$

或在 E 阵的基础上，以函数关系嵌入定义，属性 c 关于 R 的最大差异度属性重要性为：

$$sig(c) = \sum_{i=1}^{r} g\left(\sum_{j=1}^{t} f(E_{ij}) \right) \tag{4-4}$$

式中，$f(E_{ij}) = \begin{cases} 0, E_{ij} = \varnothing \\ 1, E_{ij} \neq \varnothing \end{cases}$，$g(*) = \begin{cases} 0, \sum f(E_{ij}) = 1 \\ \sum f(E_{ij}), \sum f(E_{ij}) > 1 \end{cases}$。

从定义 4.6 可以看出，属性 c 与 R 集的划分差异越大，重要性越高，应当被先选取。

3. 基于论域划分的无决策属性的决策表属性约简算法

算法思想：算法开始先令 $R=\varnothing$，这样在确定 R 集后，对 $C-R$ 中的每一个属性求取差异度属性重要性，然后根据差异度的大小选取属性，进行启发式约简。当 R 集选择了一个属性后其不可区分关系发生变化，因论域上由 R 集决定的划分下只有一个对象的划分块不能再被细分，则可从论域中保留出去，这样对后续属性的评价减少了干扰，启发式约简得到优化。算法用伪码表示如下[149]：

输入：信息系统 $S=\{U, C, V, f\}$，$C=\{c_1, c_2, \cdots, c_m\}$。

输出：属性约简集 $red(C)$。

步骤 1：$R=\varnothing$。

步骤 2：计算 S 的 $IND(C)$。

步骤 3：求 S 的核属性，$R=$核属性集。

步骤 4：$C'=C-R$，If $C'=\varnothing$ Then $red(C)=R$ 输出 $red(C)$，Stop；Else 转到步骤 5。

步骤 5：If $R=\varnothing$ Then $R=c_r$ $(c_r=\{c_i \mid Rank(c_i)=\max(Rank(c_i))$，$c_i\in C'\})$。

步骤 6：计算 $IND(R)$，$U=U-x(x\in U, [x]_R=\{x\})$。

步骤 7：在 U 上，计算 E 阵和化简，依据式(4-4)计算 $sig(c_i)$，$c_i\in C'$。

步骤 8：$c_{\max}=\{c_i \mid \max sig(c_i)$，$c_i\in C'\}$，$R=R\bigcup c_{\max}$。

步骤 9：If $IND(R)=IND(C)$ Then $red(C)=R$ 输出 $red(C)$，Stop；Else 转到步骤 10。

步骤 10：$C'=C'-c_{\max}$，转到步骤 6。

与决策表属性约简比较，无决策分类时的属性约简，是以每一个对象为一类的约简，所以要求更多的属性加细划分。

该算法的时间复杂性分为两部分，一是计算系统积划分，二是属性重要性的定义。两个计算都包括求等价关系的交。因两个等价关系交运算的时间复杂性为 $O(|U|^2)$，若对各个条件属性求解，最坏情况下时间复杂性为 $O(|C||U|^2)$，这在一定程度上能够解决无决策属性的信息系统属性约简问题，进一步扩展了粗糙集理论的应用范围。

4. 算法实例

表 4-3 可依据本章算法进行属性约简计算。

表 4-3　无决策属性的 CTR 决策表

U	C_1	C_2	C_3	C_4	C_5	C_6	C_7	C_8	C_9	U	C_1	C_2	C_3	C_4	C_5	C_6	C_7	C_8	C_9
1	0	0	0	0	0	1	0	1	0	11	0	0	0	1	0	1	0	0	0
2	1	0	0	0	0	1	2	0	1	12	0	0	0	1	1	0	1	1	0
3	0	1	0	1	1	0	0	0	0	13	1	0	0	0	0	0	2	0	0
4	0	0	0	0	0	1	2	0	0	14	1	0	0	1	0	1	0	0	0
5	0	0	1	1	1	1	1	0	1	15	0	1	0	1	0	1	1	0	0
6	0	1	0	0	1	0	0	0	2	16	0	0	1	1	1	0	1	0	0
7	0	1	0	1	1	1	1	0	0	17	0	0	0	0	1	0	0	0	0
8	0	1	0	1	0	0	1	0	2	18	0	1	0	1	1	0	1	1	0
9	0	1	1	1	1	1	1	1	0	19	1	0	0	1	0	1	2	0	1
10	1	0	0	1	1	0	0	0	0										

步骤 1～5：$R = core(C) = \{c_1，c_2，c_4\}$。

步骤 6：计算 $U/IND(R)$，$U = U - x$（$[x]_R = \{x\}$）。

步骤 7：在 U 上，计算 E 阵和化简，依式(4-4)计算 $sig(c_i)$，$i = 3，5，6，7，8，9$，以计算结果递减排列为：c_6　c_7　c_9　c_8　c_3　c_5。

步骤 8～10：$c_{max} = c_6$，$R = R \cup \{c_6\}$，但 R 不满足约简集条件，转到步骤 6。

步骤 11：计算 $U/IND(R)$，$U = U - x$（$[x]_R = \{x\}$）。

步骤 12：在 U 上，依据式(4-4)计算 $sig(c_i)$，$i = 3，5，7，8，9$，以计算结果递减排列为：c_7　c_3　c_9　c_8　c_5。

步骤 13～15：$c_{max} = c_7$，$R = R \cup \{c_7\}$，R 仍不满足约简集条件，再转到步骤 6。

步骤 16：计算 $U/IND(R)$，$U = U - x$（$[x]_R = \{x\}$）。

步骤 17：在 U 上，依据式(4-4)计算 $sig(c_i)$，$i = 3，5，8，9$，以计算结果递减排列为：c_3　c_8　c_5　c_9。

步骤 18：$c_{max} = c_3$，$R = R \cup \{c_3\}$。

步骤 19：$IND(R) = IND(C)$，$red(C) = R = \{c_1，c_2，c_3，c_4，c_6，c_7\}$，输出 $red(C)$，算法终止。

在最后一轮的属性重要性计算中，两个属性 c_3 和 c_8 具有相同重要性计算值，都满足约简需要，所以实际上得到两个约简结果，另一个约简集为 $red(C) = \{c_1，c_2，c_4，c_6，c_7，c_8\}$。

4.5.3.3　NUDFDD 方法描述

输入：N 个待聚类的训练文档，最小词频 MIN _WF，无监督最小文档频 MIN _DF，无监督最大文档频 MAX _DF。

输出：一个集合 P，该数组包含了所选择的文本特征子集，初始 P 为空。

步骤 1：对整个文档集进行自动分词，分词时采用的是中科院计算所的开源项目"汉语词法分析系统 ICTCLAS"系统。

步骤 2：根据停用词表去除停用词，此为第一次文本特征过滤，并统计词频和单词的文档频。

步骤 3：移除 $NUDF_{MIN\_WF}$ 值大于 MAX_DF 和低于 MIN_DF 的词，进行第二次文本特征过滤得到文本特征集 Q。

步骤 4：首先将文本特征集 Q 看作条件属性集，N 个待聚类的训练文档当作论域，从而组成一个无决策属性的决策表，然后使用基于论域划分的无决策属性的决策表属性约简算法进行约简，获得约简集 P。

步骤 5：对文本特征集 P 进行微调以突出贡献较大的文本特征词，然后输出调整后的文本特征集 P。

4.5.3.4 NUDFDD 方法实验仿真

目前，对文本聚类结果评价较为有效的方法就是将最终聚类结果与标准分类进行比较，最终聚类结果越接近标准分类，那么最终聚类结果也就越好。可以使用 2.6.3 节的准确率(P)和召回率(R)对每个类别上的聚类结果进行评价，但是准确率和召回率仅仅反映了聚类结果的两个方面，把它们结合起来使用能很好地对聚类结果进行评价，为此，本实验对每个聚类类别采用 F_1 测试值作为评价准则，其公式为：F_1 测试值 $=2\times P\times R/(P+R)$。这个方法需要标准类信息，所以评价时常使用分类语料库进行聚类实验，以便使最终聚类结果同标准分类作对比。本实验采用 2.6.1 节补充后的复旦大学中文文本分类语料库中前 10 个类的训练样本集和测试样本集作为实验数据、2.6.2 节的实验环境、4.4 节所获得的 IK-Means 聚类算法($K=20$)来进行实验。该方法参数设置如下：MIN_WF$=4$，$5\leqslant NUDF_{MIN\_WF}\leqslant 250$。进行对比的无监督文本特征选择方法为：NUDFDD 方法、单词权、文档频、单词熵，其实验结果见表 4-4 和图 4-3。

表 4-4　四种无监督文本特征选择方法性能对比

内容	NUDFDD 方法	单词熵	单词权	文档频
类别	F_1 测试值/%			
经济	90.93	83.67	82.05	68.26
体育	86.14	82.39	80.60	73.81
计算机	87.60	82.74	81.24	69.72
政治	84.91	80.25	79.86	64.89

续表

内容	NUDFDD 方法	单词熵	单词权	文档频
类别	F_1 测试值/%			
农业	85.27	81.93	80.37	73.62
环境	88.45	83.56	83.29	68.39
艺术	87.74	82.61	81.93	71.74
太空	86.52	82.37	81.73	67.90
历史	88.67	83.96	83.51	70.49
军事	89.85	82.77	81.58	68.29

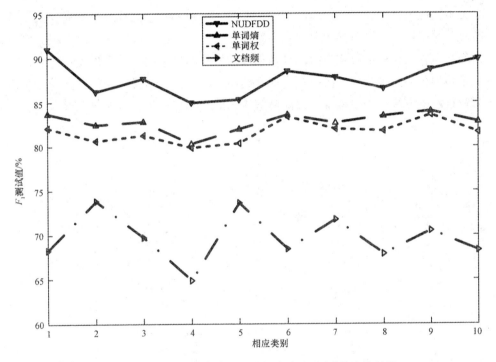

图 4-3　四种无监督文本特征选择方法 F_1 测试值比较结果

从表 4-4 和图 4-3 可以看出，本章所提的 NUDFDD 方法的 F_1 测试值比其他三个常用的无监督文本特征选择方法的 F_1 测试值要高，其中比单词熵的 F_1 测试值高出约 5%，比单词权的 F_1 测试值高出约 6%，比文档频的 F_1 测试值高出约 18%，这表明本章所提的 NUDFDD 方法是可行的。

4.6　本章小结

　　本章首先讨论了文本聚类，包括文本聚类的基本定义和常用的聚类算法。然后针对传统 K-Means 算法的不足，提出了一个改进的模拟退火算法以对此进行改进，实验结果表明，改进的 K-Means 算法不但聚类结果质量较高，而且其波动性较小。最后针对聚类领域中文本特征选择问题进行研究，提出了两种新的无监督文本特征选择方法：①结合文档频和 K-Means 的无监督文本特征选择方法。该方法着重使用分类领域的有监督文本特征选择方法来解决文本聚类领域的无监督文本特征选择问题。②结合新型的无监督文档频和基于论域划分的无决策属性的决策表属性约简算法的无监督文本特征选择方法。该方法首先使用所提出的新型的无监督文档频进行文本特征初选以过滤低频的噪声词，然后再使用所给的基于论域划分的无决策属性的决策表属性约简算法进行文本特征约简。实验结果表明，这两种方法在一定程度上都能够解决无监督文本特征选择问题。

第5章 文本关联分析

5.1 引 言

关联规则挖掘（Data Mining of Association Rules）于 1993 年由美国 IBM Almaden Research Center 的 Rakesh Agrawal 等人[150]率先提出，现在已成为数据挖掘领域的重要技术之一。将无结构或半结构的文本通过一定的方式转化成结构化的文本特征向量后，也可以在大规模文本集中寻找文本频繁模式或文本关联规则。本章首先分析了传统关联规则中经典频繁项集挖掘算法——Apriori 算法和 FP-Tree 挖掘算法，总结了它们存在的问题；然后把传统关联分析引入文本关联分析中，并分析了文本关联规则挖掘的难点。由于最频繁项集挖掘是文本关联规则挖掘中研究的重点和难点，它决定了文本关联规则挖掘算法的性能，本章接下来详细分析了当前在最频繁项集挖掘方面的不足，改进了传统的倒排表，结合最小支持度阈值动态调整策略，提出了一个新的基于改进倒排表和集合理论的 Top-N 最频繁项集挖掘算法（TOP-NSetInvertedList 算法）。另外，还给出了几个命题和推论并把它们用于本章算法以提高性能。实验结果表明，所提 TOP-NSetInvertedList 算法的规则有效率和时间性能比常用的两个 Top-N 最频繁项集挖掘算法即 NApriori 算法和 IntvMatrix 算法都好。

5.2 文本关联规则

传统关联规则挖掘是基于结构化数据的，而文本是一种半结构甚至是根本没有结构的数据体，并且文本的格式可能存在着段落、缩进以及正文与图形、表格等形式的差别，而且文本的内容是由自然语言组成，这对计算机而言很难区分其语法，更别说理解其语义内容了。由于文本的这些特殊性质，传统关联规则挖掘技术根本无法直接应用在文本集。目前，较为可行的是把文本适当转换成某种结构化形式，然后进行挖掘。在文本表示上，较为流行、简单、易理解的模型就是空间向量模型。利用这个模型可以把每个文本转化为长度相等的、由若干个文本特征词组成的文本特征向量，并以文本特征向量为事务、以文本特征词为事务项，把成熟的数据挖掘技术应用其上以发现文本特征词之间的关联关系。

如果把文本特征向量当作事务、文本特征词或关键词当作事务中的项，那么文本事务可表示成：$\{Document\_ID, f_1, f_2, \cdots, f_n\}$，其中 $Document\_ID$ 为文本标识符，这里作为事务号来用；$f_i(i=1, 2, \cdots, n)$ 表示文本特征词，为了能与传统数据挖掘保持一致，本章将文本特征词也称为项或者文本特征项，这里作为事务项来用。

经过上述表示后，文本关联分析问题就转化为传统事务数据库中事务项的关联分析问题。相应地，利用传统关联规则挖掘算法就可以进行文本关联规则的挖掘了。

与传统关联规则挖掘算法过程一致，文本关联规则挖掘也需经过以下两个基本步骤：

(1)挖掘频繁项集。

(2)利用频繁项集生成关联规则。

在上述两个基本步骤中，第一个步骤是关联规则挖掘的关键步骤，它决定了整体挖掘性能，因此，现有的研究大部分都集中在第一个步骤上，也就是对频繁项集的挖掘研究。相对来说，第二个步骤较为简单，它只需在已获得的频繁项集上列出全部可能的关联规则，然后用设定支持度和置信度来度量这些关联规则，找出有价值的关联规则[151]。

5.3　频繁项集挖掘算法

5.3.1　频繁项集挖掘算法简介

频繁项集挖掘是关联规则挖掘中最关键的问题，它决定了关联规则挖掘的整体性能。目前，频繁项集挖掘算法分为两种方式[152]：一种是搜索方式，另一种是支持度计算方式。

采用搜索方式的频繁项集挖掘算法主要有两种：宽度优先搜索算法和深度优先搜索算法。宽度优先搜索算法一般过程是：首先生成全部频繁 $(k-1)$-项集，然后根据频繁 $(k-1)$-项集生成频繁 k-项集；深度优先搜索算法与宽度优先搜索算法不同，它通过递归方式生成频繁项集，并且生成顺序与其长度无关。

采用支持度计算方式的频繁项集挖掘算法也有两种：计数法和交集法。计数法很直观，刚开始时所有项集的支持数都为 0，在以后扫描数据库时，如果某候选项集在某个事务中出现，该候选项集的支持数加 1。交集法：已知包含项集 X 的事务集合为 $X.\mathrm{tlist}$、包含项集 Y 的事务集合为 $Y.\mathrm{tlist}$，则对于候选项集 $C=X\cup$

Y 的事务集合 $C.\text{tlist}$，可以通过 $C.\text{tlist}=X.\text{tlist}\bigcap Y.\text{tlist}$ 获得。这就是交集法的核心思想。

表 5-1 列举了一些典型的频繁项集挖掘算法。

表 5-1 一些典型的频繁项集挖掘算法

宽度优先搜索算法	计数法	Apriori、AprioriTID、DIC
	交集法	Partition
深度优先搜索算法	计数法	FP-gepwth
	交集法	Eclat

AprioriTID 算法[153] 由 Apriori 算法变化而来，其主要思想是：通过在扫描过程中逐渐过滤掉不满足条件的事务来减小将来要扫描的事务集的大小。该算法认为如果当前的某个事务不包含 k-项频繁项集，则它一定不包 $(k+1)$-项频繁项集，这个事务就可以过滤掉，以此方法来减少将要扫描的事务个数。

DIC(动态项集计数)算法[154] 也是 Apriori 算法的变种，其扫描事务库的次数少于 Apriori 算法。该算法将事务集划分为标记开始点的块，可以在任何开始点添加新的候选项集。它对所有项集的支持数进行动态评估，如果某个项集的全部子集是频繁项集，则该项集就可以作为新的频繁候选项集加到事务库中。

Eclat 算法是 Zaki[155] 提出的一种具有并行特性的算法。该算法采用垂直的数据库结构，在概念格理论的基础上利用基于前缀的等价关系将搜索空间划分为较小的子空间进行处理，整个过程仅需扫描一次事务库，较大限度地提高了关联规则挖掘的时间效率。

Partition 算法[156] 首先将事务库划分成若干个块，然后分别找出每块的频繁项集，紧接着将每块的频繁项集合并起来，最后扫描事务库来获得最终频繁项集。由于该方法将事务库划分为若干个块，并且每个块都能在内存中被快速处理，整个过程仅扫描事务库两次，因此大大降低了 I/O 操作所需的时间。

5.3.2 两种常用的频繁项集挖掘算法分析

5.3.2.1 Apriori 算法

Apriori 算法是 1994 年由 Agrawal 等人[157] 提出的一种宽度优先搜索算法，该算法是目前最具影响力的布尔关联规则挖掘算法，同时也是目前绝大多数宽度优先搜索类型的频繁项集挖掘算法的基础算法。为了提高规则挖掘效率，该算法利用了以下两个基本性质[158]：

性质①：频繁项集的任何非空子集也是频繁项集。

性质②：非频繁项集的任何超集也是非频繁项集。

以上两个性质是 Apriori 算法的基本修剪策略，称它们为 Apriori 性质。

由上述 Apriori 的两个性质可知，如果一个项集包含非频繁 k-项集，那么该项集一定是非频繁项集，在后续的挖掘过程中就可以将其删除。这样来看，挖掘过程中通过连接全部频繁 k-项集就可以获得全部候选频繁 $(k+1)$-项集，这样就可以降低候选项集的规模。

Apriori 算法第一次扫描事务库时，计算项集中每一个项的支持度，以获得符合最小支持度阈值的 1-项频繁项集的集合 FIS_1。在以后的第 k 次事务库扫描中，首先以 $k-1$ 趟扫描中所获得的含 $(k-1)$-项频繁项集的集合 FIS_{k-1} 为基础，来生成新的潜在的 k-项频繁项集的候选集 $CFIS_k$，然后再扫描事务库，计算 $CFIS_k$ 中每个项的支持度，最后从候选集 $CFIS_k$ 中选择出符合最小支持度阈值的 k-项频繁项集的集合 FIS_k，并将 FIS_k 作为下一次扫描事务库的基础集合，不断循环重复上述过程直至达到算法终止条件。

以频繁项集为基础的 Apriori 算法采用了逐层搜索的迭代策略，算法过程清晰、简单、易于实现，并没有涉及十分复杂的理论、定理、推论。不过，Apriori 算法也有一些不足[159]：

(1) Apriori 算法需要多次扫描事务库。由 Apriori 算法的过程描述可知，算法每产生一个候选项集，都要全面搜索事务库一次以便生成当前的频繁项集。假如最终生成的频繁项集长度为 M，也即 M-项频繁项集，那么就要扫描事务库 M 次。在事务库中事务数量巨大、内存容量有限的情况下，系统就会频繁地进行 I/O 操作，这就使得每次扫描事务库的时间较长，进而导致 Apriori 算法效率非常低。所以，采用某种策略来减少事务库的扫描次数是 Apriori 算法的一个改进方向。

(2) Apriori 算法在寻找频繁项集的过程中会产生数量巨大的候选项集，从而导致算法效率急剧降低，也就是"项集生成瓶颈"问题。Apriori _gen 算法根据 $(k-1)$-项频繁项集集合 FIS_{k-1}^4 产生 k-项频繁项集的候选集 $CFIS_k$，所产生的 $CFIS_k$ 共由 $C_{|FIS_{k-1}|}^k$ 个 k-项集组成。从这个计算公式来看，随着 k 的增大所产生的候选 k-项集的数量也急剧增长，甚至呈几何数量级剧增。例如，当 1-项频繁项集的数量为10时，2-项候选频繁项集的数量将达到 5×10^7 个，如果此时算法过程继续进行，那么将产生天文数字般的候选频繁项集，这就导致算法计算时间过长而变得不适用。所以，采用某种策略来减少候选项目集的个数也是 Apriori 算法的一个改进方向。

(3) Apriori 算法仅把支持度作为度量准则而没有考虑各个属性项的重要程

度。在实际情况下，有些事务出现十分频繁，而有些事务则很少发生，这样在规则挖掘时就产生了一个问题：如果最小支持度阈值设置得较高，虽然能够大大减少候选项集的数量、加快算法执行速度，但是许多有价值的规则就被过滤掉了；如果最小支持度阈值设置得过低，那么将会产生数量巨大的候选项集，进而生成大量的无实际意义的规则，这就极大程度地降低了挖掘效率和规则的可用性。在这种情况下，易使规则的使用者产生错误的决策。因此，使用某些技巧来设置支持度也是改进 Apriori 算法的一个办法。

（4）Apriori 算法适用范围比较窄。Apriori 算法仅适用单维布尔关联规则的挖掘，但在实际应用过程中，经常会现多层的、数量的、多维的关联规则，此时 Apriori 算法就不再适用，需要对其进行改进或者重新设计新的算法。

5. 3. 2. 2　FP-Growth 算法

FP-Growth（Frequent-Pattern Growth）算法也即频繁模式增长算法[160]，是一种深度优先搜索算法，它是 J. Han 等人于 2000 年提出的一个不产生候选项集的频繁模式挖掘算法。该算法在保留项集关联信息的基础上，首先将事务数据库压缩到一棵频繁模式树（FP-Tree）中，然后递归遍历这棵频繁模式树以挖掘频繁模式。FP-Growth 算法首先将频繁长模式挖掘过程转换成挖掘若干短频繁模式的递归过程，然后将挖掘出的短频繁模式连接起来以形成最终频繁长模式，整个过程仅需扫描事务库两次。

FP-Growth 算法的优点主要体现在：①事务数据库被压缩成频繁模式树，大大减小了原始事务数据的规模，避免了多次扫描原始事务数据库；②采用递归增长方式生成频繁模式，避免了大量候选集生成；③采用分而治之的策略将基于整个原始事务数据的挖掘任务分解成若干个较小的基于条件事务数据集的挖掘任务，从而减少了搜索空间。这三个优点使得其性能高于 Apriori 算法。

通过使用 FP-Growth 算法进行关联规则挖掘的实践表明，在挖掘长频繁模式或短频繁模式时，FP-Growth 算法具有较好的伸缩性和有效性，它的执行速度比 Apriori 算法快近一个数量级。这主要是因为 FP-Growth 算法将频繁长模式挖掘问题转换成挖掘若干短频繁模式的递归问题，然后把最不频繁的项作为后缀加以连接，为后缀的选择提供了较大余地，降低了搜索开销。但是，FP-Growth 算法应用于规模较大的事务数据库时，构造的频繁模式树会占用大量内存，因而如果要把这个算法用于大规模数据库挖掘规则，需要对该算法进行改进。

5.4   文本关联规则挖掘

5.4.1   文本关联规则挖掘难点

随着最频繁项集数目的增加，文本关联规则的个数及其相应挖掘算法的时空复杂度都急剧上升，这使得最频繁项集的挖掘成为文本关联规则挖掘中研究的重点和难点。在最频繁项集挖掘过程中，最小支持度阈值是一个十分关键的参数，该参数一般是通过人工指定，但主观指定方式很难符合客观实际，参数值指定过高，会导致一些有价值的规则丢失；参数值指定过低，会导致规则数量剧增，生成许多无用规则，降低挖掘算法的性能。文献[161]表明，当语料库的文档为 1 000 篇、文本事务集的文本特征数目达到 100 个、最小支持度阈值为 0.1 时，其频繁项集的数目高达 2 316 个，产生的规则数量十分巨大，但有用的规则很少。可见，要想在文本集中得到规模适当的频繁项集则需要反复实验。

5.4.2 N 个最频繁项集挖掘算法分析

为了解决上述问题，文献[161]提出了挖掘 Top-N 最频繁项集算法，即数量确定的频繁项集挖掘算法。算法的目标是通过指定需要产生的频繁项集的数量 N 而不是最小支持度阈值来控制挖掘过程产生的频繁项集的规模。

Top-N 最频繁项集是指数据集中支持度最高的前 N 个项集，定义为：

定义 5.1(Top-N 最频繁项集)   把全部项集依照支持度从大到小排序，假设 NS 等于第 N 位项集的支持度，则 Top-N 最频繁项集：

$$\text{Top-}N = \{X \mid \text{support}(X) \geqslant NS\} \tag{5-1}$$

因为支持度等于 NS 的项集个数可能有多个，Top-N 中的最频繁项集的数目有可能多于 N 个。例如，如果第 $N+1$，$N+2$，…，$N+m$ 个项集的支持度也是 NS，则 Top-N 由 $N+m$ 个频繁项集组成。

求 Top-N 最频繁项集的最简单过程如下[161]：

(1)可用 FP-Growth 算法、Apriori 算法以及其他频繁项集挖掘算法生成支持度不小于设定的支持度阈值的频繁模式。

如果仅仅给定了要生成的频繁项集的个数而并没有设定最小支持度阈值，那么可以把最小支持度阈值设定为某个较小的数，如设置为 1，支持度为 1 是事务数据库中全部项集的最小支持度值，也就是只要项集在事务中出现，它就是频繁项集。

(2)将所获得的全部频繁项集按照支持度从大到小的顺序排列,把排在第 N 位的频繁项集的支持度 S_N 作为新的最小支持度阈值。

(3)全部支持度不小于 NS 的项集组成 Top-N 最频繁项集。

但是该算法在未指定最小支持度阈值时,需要挖掘最小支持度阈值较小的频繁项集,其时空开销很大,特别对大规模的稠密文本数据集来说更是不现实的。为此,文献[162]基于最小支持度阈值动态调整策略提出了挖掘 Top-N 最频繁 k-项集的 Itemset-loop 算法。

定义 5.2(Top-N 最频繁 k-项集) 把全部 k-项集依照支持度从大到小排序,假设 NS_k 等于第 N 位的 k-项集的支持度,则最频繁 k-项集:

$$\text{Top-}N_k = \{X \mid \text{support}(X) \geqslant NS_k \text{ 且 } |X| = k\} \tag{5-2}$$

命题 5.1 假设 Top-N 的最小支持度是 NS,Top-N_k 的最小支持度是 NS_k,则 $NS \geqslant NS_k$。

证明: 假设 $NS < NS_k$,从定义 5.1 可知 Top-N 中一定存在一个频繁项集 Item 的支持度为 NS;从定义 5.2 可知,Top-N_k 中也一定存在频繁 k-项集 Item$_k$,其支持度为 NS_k;根据假设可知,Item$_k$ 比 Item 的支持度高,但 Item$\in$ Top-N 而 Item$_k \notin$ Top-N,与 Top-N 是 N 个最频繁项集矛盾。因此,命题 5.1 成立。

推论 5.1 Top-N 与 Top-N_k 的关系为 Top-$N \subseteq \{\bigcup_k \text{Top-}N_k\}$。

证明: 假设存在一个频繁项集 Item$\in$ Top-N,但 Item$\notin$ Top-N_k,即 Top-$N \not\subseteq \{\bigcup_k \text{Top-}N_k\}$。如果 Item 是 m-项集,则 Item$\in$ Top-N,但 Item$\notin$ Top-N_m。因为 Item$\in$ Top-N,由命题 5.1 可知 Item 的支持度大于 Item$_m$ 的最小支持度 NS_m,就存在一个不属于 Top-N_m 且支持度大于 NS_m 的频繁 m-项集 Item$_m$,与 Top-N_m 是 N 个最频繁 m-项集矛盾。推论得证。

Itemset-loop 算法基本过程如下[162]:

(1)首先生成全部 Top-N 最频繁 k-项集($k = 1, 2, \cdots, m$),这样就产生共 $N \times m$ 个最频繁集。

(2)使用 Apriori 算法中的频繁项集连接方法把 Top-N 最频繁 k-项集($k = 1, 2, \cdots, m$)加以连接得到 Top-N 最频繁 $(k+1)$-项集($k = 1, 2, \cdots, m$)的候选集,把所得的候选项集按照支持度从大到小的顺序排列,此时令第 N 位的频繁 $(k+1)$-项集的候选项集的支持度为 NS_{k+1}。

(3)比较 NS_{k+1} 和 NS_k。若 $NS_{k+1} \geqslant NS_k$,则支持度不小于 NS_{k+1} 的 $(k+1)$-项候选项集就组成了 Top-N 最频繁 $(k+1)$-项集;若 $NS_{k+1} < NS_k$,则重新转到 k-项集,以 NS_{k+1} 为最小支持度阈值来生成频繁 k-项集,然后再使用 Top-N 最

频繁 k-项集连接成新的 Top-N 最频繁($k+1$)-项集($k=1$，2，$\cdots$，m)的候选集，从而得到新的最小支持度阈值 NS_{k+1} 和 Top-N 最频繁($k+1$)-项集。

由推论 5.1 可知，$\{\bigcup\limits_{k}\text{Top-}N_k\}$ 是 Top-N 的候选项集，所以，可以先用 Itemset-loop 算法生成全部 Top-N_k，然后从中选取最频繁的 N 个项集组成 Top-N，就可以降低算法的时间复杂度。

经研究发现，Itemset-loop 算法虽然在一定程度上弥补了文献[161]中算法的缺点，但该算法在 k 步骤中需要找出全部 N 个最频繁 k-项集，如果 m 为频繁项集的最大长度，意味着 Top-N 的候选项集中有 $N \times m$ 个频繁项集；此外，该算法所使用的最小支持度阈值存在减小的可能，当频繁($k+1$)-项集的最小支持度阈值小于频繁 k-项集的最小支持度阈值时，也即 $NS_{k+1} < NS_k$ 时，必须回溯重新挖掘最小支持度为 NS_{k+1} 的频繁 k-项集，会降低挖掘算法的性能。

为了解决这两方面的不足，文献[163]提出了 NApriori 算法和基于倒排矩阵 IntvMatrix 算法，对具体描述有兴趣的读者可以查阅文献[163]，这里不再叙述。这两个算法的主要思想是：使用全局统一的当前最小支持度阈值，在每轮频繁项集产生过程中根据当前 N 个最频繁项集的最小支持度动态地调整该阈值，而且最小支持度阈值或最小支持数阈值在动态调整过程中被逐步提高。

基于下面的命题 5.2 可以说明在 NApriori 算法和 IntvMatrix 算法中，最小支持度阈值或最小支持数阈值在动态调整过程中被逐步提高。

命题 5.2 假设 Top-N_k 的支持度阈值为 NS_k，Top-N_{k-1} 的支持度阈值为 NS_{k-1}，则 $NS_k \geqslant NS_{k-1}$。

证明： 假设 $NS_k < NS_{k-1}$，由文献[163]的 NApriori 算法和 IntvMatrix 算法可知，Top-N_k 是由 Top-N_{k-1} 与第 k 轮新生成的当前频繁项集中支持度 $\geqslant NS_k$ 的项集组成，因此 Top-N_k 包括 Top-N_{k-1} 中的所有项集。由假设 $NS_k < NS_{k-1}$ 知，至少有一个项集 x 满足 $NS_k \leqslant \text{support}(x) < NS_{k-1}$，显然 $x \notin$ Top-N_{k-1}，$x \in$ Top-N_k，所以 Top-N_k 至少包括 Top-N_{k-1} 中所有支持度 $\geqslant NS_{k-1}$ 的 N 个项集以及项集 x，而且 $\text{support}(x) < NS_{k-1}$。由此可知，Top-$N_{k-1}$ 是当前 $N+1$ 个最频繁项集，与 Top-N_k 是当前 N 个最频繁项集矛盾。因此，命题 5.2 成立。

通过命题 5.2 可知，NApriori 算法和 IntvMatrix 算法在迭代挖掘 N 个最频繁项集过程中，当前最小支持数或支持度阈值被逐步调高，从而减少需要考察的候选项集数量，提高了算法效率。

在 NApriori 算法中，每轮生成频繁集的支持度要么不调整，要么向上调整，不会出现 Itemset-loop 算法中向下调整的情况。此外，支持度每次调整后，同时进行当前频繁项集的调整，NApriori 算法产生的频繁 k-项集要小于 Top-N 最频

繁 k-项集，从而提高了算法的执行效率，但是与 Apriori 算法一样，NApriori 算法挖掘 N 个最频繁项集需要产生大量的候选项集并多次扫描数据库，特别是存在长项集的时候，算法效率很低。而对于基于倒排矩阵的 N 个最频繁项集 IntvMatrix算法，虽然该算法利用倒排矩阵这个索引结构提高了频繁项集的生成速度，但是倒排矩阵中存在众多空元素，并且是在内存中对倒排矩阵进行检索的，会浪费很多内存空间。另外，该算法在生成候选频繁集过程中需要多次扫描倒排矩阵，也会在一定程度上降低该算法的效率[164,165]。

　　为了克服 IntvMatrix 算法的不足，本章借用文献[162]动态调整支持度阈值的思想，提出一种基于集合和倒排表的 Top-N 最频繁项集挖掘算法(TOP-NSet-InvertedList)。通过实验对比，该算法优于 NApriori 算法和 IntvMatrix 算法[166]。

5.4.3　TOP-NSetInvertedList 算法

5.4.3.1　倒排表和集合理论的结合

　　倒排表是一种高级索引结构，由词表和文档表两部分组成。词表由文档集中的文本特征词组成，对词表的任一文本特征词，在文档表中都有一行与包含该文本特征词的文档 ID 所对应。在 IR 领域，倒排表常用于文本索引，可以提高查找速度。例如，表 5-2 为一个文档事务数据库，表 5-3 为相应的倒排表。

表 5-2　文档事务数据库

ID	词(特征)					ID	词(特征)				
1	a	b	c	d	e	6	k	a	e	i	c
2	a	c	e	h	g	r	7	h	c	g	i
3	b	c	d	a	e	8	k	l	m	n	o
4	f	a	h	g	j	p	q	9	l	q	a
5	a	b	c	e	i	10	n	b	a	m

表 5-3　相应的倒排表

词表	文档表								词表	文档表			
a	1	2	3	4	5	6	9	10	f	4			
b	1	3	5	10					g	2	4	7	
c	1	2	3	5	6				h	2	4	7	
d	1	3							i	5	6	7	
e	1	2	3	5	6	7			j	4			

续表

词表		文档表							词表		文档表						
k	6	8							o	8							
l	8	9							p	4							
m	8	10							q	4	9							
n	8	10							r	2							

倒排表虽然在一定程度上提高了单一文本特征词的查找效率，也即 1-项集的查找效率，但是对其他 k-项集而言，很难获得相应的支持度，这是因为倒排表使得出现在同一事务中的各个项之间变得相互独立。从表 5-3 还可以看出，倒排表存在大量空元素，极大地浪费了内存空间。因此，本章对倒排表进行了改造。

(1)在词表中，各项按其文档频从大到小的顺序排序，并用序号表明其位置。此时的词表由序号、项名、指针所指向的集合三部分组成。

(2)文档表中，每一行表示一个集合，集合元素由文本特征出现的文本事务号组成。此时表中各项以其所包含的元素个数降序排列。表 5-4 为改造后对应的倒排表。

表 5-4 被改造的倒排表

项号	项名	指针所指向的集合	项号	项名	指针所指向的集合
1	a	{1, 2, 3, 4, 5, 6, 9, 10}	10	l	{8, 9}
2	e	{1, 2, 3, 5, 6, 7}	11	m	{8, 10}
3	c	{1, 2, 3, 5, 6}	12	n	{8, 10}
4	b	{1, 3, 5, 10}	13	q	{4, 9}
5	g	{2, 4, 7}	14	f	{4}
6	h	{2, 4, 7}	15	j	{4}
7	i	{5, 6, 7}	16	o	{8}
8	d	{1, 3}	17	p	{4}
9	k	{6, 8}	18	r	{2}

推论 5.2 设 T_1、T_2 为项集，T_1 所在的全部文档集为 D_1，T_2 所在的全部文档集为 D_2，则对项集 $T=T_1 \bigcup T_2$，T 所在的全部文档集为 $D=D_1 \bigcap D_2$。

证明： (1)$\forall d \in D$，由 $D=D_1 \bigcap D_2$ 可得 $d \in D_1$，因为 $T_1 \subseteq D_1$，所以 $T_1 \subseteq d$，同样有 $T_2 \subseteq d$。因此，$D=D_1 \bigcap D_2$ 包含 $T=T_1 \bigcup T_2$。

(2)$\forall d \supseteq T$，由 $T=T_1 \bigcup T_2$ 可得 $T_1 \subseteq T$，所以 $T_1 \subseteq d$。又由 D_1 是包含 T_1 的全部文档集，所以 $d \subseteq D_1$。同样有 $d \subseteq D_2$，所以 $d \subseteq D=D_1 \bigcap D_2$。推论得证。

根据推论 5.2 可知，在进行连接操作时就不需要再次扫描数据库，如连接时 a 与 e 只需对它们的指针所指的集合取交集，就能够提高算法效率。表 5-5 为 a 与 e 相连接的结果。

表 5-5　a 与 e 相连接的结果

项号	项名	指针所指向的集合
19	ae	$\{1, 2, 3, 5, 6\}$

推论 5.3　设 L_k 为 k-项频繁项集的集合，如果 L_k 中的项集个数不大于 k，则 L_k 为极大频繁项集。

证明： 经典 Apriori 算法指出，任何强项集的子集必定是强项集。因此可知，如果存在 L_{k+1}（即 $k+1$-项频繁项集的集合），则 $\forall l_{k+1} \in L_{k+1}$，$l_{k+1}$ 一定有 $k+1$ 个 k-频繁子集在 L_k 中，因此，如果 L_k 的项集个数不大于 k，则必定不能生成 L_{k+1}。推论得证。

从推论 5.3 可知，在产生 $(k+1)$-项候选频繁项集之前，先统计 k-项频繁集中项集的个数，如果数目 $\leqslant k$，则算法可以终止，也能提高算法效率。

推论 5.4　设 $\forall l_k \in L_k$（L_k 为 k-项频繁项集的集合），$\forall \text{Item} \in l_k$，如果 Item 在 L_k 中的支持数小于 k，则 l_k 不能用于生成 L_{k+1}。

证明： 经典 Apriori 算法指出，任何强项集的子集必定是强项集。因此可知，$\forall l_{k+1} \in L_{k+1}$，$l_{k+1}$ 中必然存在 $k+1$ 个 k-项频繁项集属于 L_k。明显有 $\forall \text{Item} \in l_k$，在 l_k 的 $k+1$ 个 k-频繁项集中，Item 的支持数至少为 k。所以，$\exists \text{Item} \in l_k$ 且 Item 在 L_k 中的支持数小于 k，则 l_k 不能用于生成 L_{k+1}。推论得证。

从推论 5.4 可知，如果某个 k-项频繁项集中的一项在其中出现的次数 $< k$，则该项集不能被用于连接生成 $(k+1)$-项频繁项集，在连接时将其排除，可以减少候选频繁集的数目，提高算法的效率。

5.4.3.2　TOP-NSetInvertedList 算法描述

算法：TOP-NSetInvertedList。

输入：文本事务数据库 D，最小支持数 δ_0（初始值为 1），频繁项集数 N。

输出：Top-N 最频繁项集。

步骤 1：扫描 D 以产生改造的倒排表 W。

步骤 2：如果倒排表 W 中各项的频率 $< N$，则令 $\delta = \delta_0$（δ 为当前最小支持数）；否则，令 $\delta = \max\{\delta_0, \delta_N\}$（$\delta_N$ 为倒数第 N 个项的支持数），以支持数 $> \delta$ 的前 N 项组成 L_1（L_1 为 N 个最频繁 1-项集，形式为改造后的倒排表）。

步骤 3：for（$k=2$；Count $(L_{k-1}) \geqslant k$；$k++$）

$\{L'_{k-1}=$ Delete $(L_{k-1})//$ 为了减少 k-项候选集的个数，利用推论 3 从 L_{k-1} 中删除不能产生频繁 k-项集的 $k-1$-项集；

$C_k=$ Candidate _gen (L'_{k-1})。

如果 C_k 中元素个数 $<N$，则令 $\delta=\delta_0$；否则，令 $\delta=\max\{\delta_0,\delta_{kn}\}$ 作为支持数（其中 δ_{kn} 为 C_k 中倒数第 n 个项的支持数），支持数 $\geqslant\delta$ 的前 N 项组成 L_k（L_k 为当前 N 个最频繁 k-项集，形式为改造后的倒排表）。$\}$

步骤 4：令 $L=\bigcup\limits_k L_k$，以降序形式排列 L 中的项集并从中取前 N 个频繁项集输出，算法结束。

5.4.3.3　TOP-NSetInvertedList 算法所用过程说明

Procedure Delete$(L_{k-1})//$ 从 L_{k-1} 中删除包含项次数小于 $k-1$ 的项集；

给定 $\forall$ 项 i，初始值 $i.\text{count}=0$

$\{$ For all l in L_{k-1} 中的项集部分

If $i\in l$ Then $i.\text{count}++//$ 计算项 i 在 L_{k-1} 中出现的次数；$\}$

If $(i.\text{count}<k-1)$ Then

$\{$ For all l in L_{k-1} 中的项集部分

If $i\in l$ Then 从 L_{k-1} 中删除项集部分为 l 的频繁项集；$\}$

Return L_{k-1}

Procedure Candidate _gen$(L'_{k-1})//$ 产生 k-项候选集

Begin

For $\forall$ 项集 $l_1\in L'_{k-1}$

For $\forall$ 项集 $l_2\in L'_{k-1}$

如果 l_1、l_2 的前 $k-2$ 个项相同而第 $k-1$ 项不同，那么 $c=$ jion(l_1,l_2)

//连接以产生候选项集集合；

If has _infrequent _subset(c,L^{k-1}) Then 删除 c；//剪枝以删除非频繁候选项集

Else 把 c 加入 C_k；

Return C_k；

End

Procedure jion(l_1,l_2)

Begin

令 l_1、l_2 中的项集部分别为 l'_1、l'_2，指针所指的事务集分别为 l^1_1、l^2_2；则令 $l_c=l'_1\infty l'_2$ 为连接后 c 的项集部分，$l^c_c=l^1_1\bigcap l^2_2$ 为 c 的事务集部分。

Return c

End

Procedure has_infrequent_subset(c，L^{k-1})//判断 L^{k-1} 的子集是否有非频繁集

Begin

For each ($k-1$)－subset s of c 的项集部分

if $s \notin L^{k-1}$ 的项集部分 Then Return true;

Return false

End

5.4.3.4　实验验证

本实验使用的数据集是由从新华网（http：//forum. xinhuanet. com）上下载的一些新闻材料组成的，这些新闻材料发表日期范围为 2008—2010 年，共 1 500 篇，经预处理后（忽略所有的报头），在此基础上挖掘该数据集的频繁项集并做了两个对比实验。实验的主要目的是比较本章算法 TOP-NSetInvertedList 和文献[163]提出的 NApriori 算法、IntvMatrix 算法性能上的差异。一个实验是比较这三种算法在所选择数据集上挖掘出的规则数目以及有效规则数，结果见表 5-6。另一个实验是比较这三种算法在不同规模的频繁项集上进行挖掘时所消耗的时间。从实验结果选取差别比较明显的数据画了性能对比图，结果如图 5-1 所示。

表 5-6　三种算法规则有效率实验结果对比

算法名称	挖掘出的规则数	有效规则数	有效率/%
TOP-NSetInvertedList	462	455	98. 48
IntvMatrix	538	454	84. 39
NApriori	697	437	62. 70

5.4.3.5　实验分析

从表 5-6 可以看出，由于本章 TOP-NSetInvertedList 算法采用支持度动态自适应调整策略，所挖掘的规则有效率较高，IntvMatrix 算法规则有效率次之，由于 NApriori 算法产生了大量无意义的规则，使有效率最低。

从图 5-1 可以看出，在频繁项集个数相同的情况下，TOP-NSetInvertedList 算法时间性能明显优于 IntvMatrix 和 NApriori 算法，经分析其原因在于：

（1）TOP-NSetInvertedList 算法采用倒排索引这种数据结构来组织事务集，提高了检索速度。

（2）在 TOP-NSetInvertedList 算法的步骤 1 扫描数据库过程中，以 1-项集为项集部分，以该项所出现的事务号为元素组成的集合为集合部分，并以集合的元素个数的降序建立倒排表。这也是本算法唯一一个一次扫描数据库，对于海量数据库来说，其时间效率的提高是很明显的。

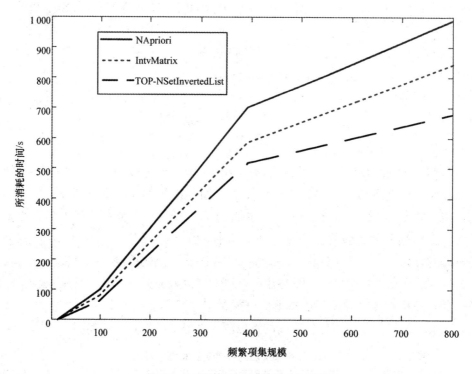

图 5-1　三种算法执行时间对比结果

（3）TOP-NSetInvertedList 算法中，$\text{Count}(L_{k-1})$ 主要用来计算 L_{k-1} 中频繁集的个数，根据推论 5.3，如果 L_{k-1} 中频繁项集的个数小于 k，则不需要再生成 L_k，算法就可以结束而不必一直连接下去，这样也能提高算法的时间效率。

（4）TOP-NSetInvertedList 算法中，$\text{Delete}(L_{k-1})$ 的作用就是根据推论 5.4 从 L_{k-1} 中删除包含项次数少于 $k-1$ 的项集，这样可以减小 k-项候选集的数目，对于"候选项集瓶颈"问题是一个很好的解决办法，这样也大大提高了算法的时间效率。

（5）TOP-NSetInvertedList 算法中 Candidate $\_\text{gen}(L'_{k-1})$ 主要用来生成 k-项候选集，在这个过程中分别调用了 $\text{jion}(l_1,\ l_2)$ 和 has $\_\text{infrequent}\_\text{subset}(c,\ L_{k-1})$ 这两个函数。前一个函数主要用来实现频繁项集的连接以及求两个事务集合的交集（推论 5.2）；后一个函数主要用来判断一个 k-项候选集的 $k-1$ 子集是否有非频繁项集，如果有则该 k-项候选集删除，否则就正式加入 k-项候选集集合中（推论 5.1）。

5.5　本章小结

本章首先分析了传统关联规则中经典的频繁项集挖掘算法：Apriori 算法和 FP-Tree 挖掘算法，总结了它们存在的问题；然后把传统关联分析引入到文本关联分析中并分析了文本关联规则挖掘的难点。由于最频繁项集挖掘是文本关联规则挖掘中研究的重点和难点，它决定了文本关联规则挖掘算法的性能，为此本章接下来针对高维文本特征空间中，仅以最小支持度阈值为约束条件产生的频繁项集规模难以确定的不足，在分析 N 个最频繁项集 NApriori 算法和 IntvMatrix 算法的基础上提出了一种基于倒排表和集合的前 N 个最频繁项集 TOP-NSetInvertedList 算法，通过实验表明，无论在规则有效率方面，还是在时间效率方面，TOP-NSetInvertedList 算法都优于 NApriori 算法和 IntvMatrix 算法，使得 IntvSet 算法在文本关联规则挖掘中有一定的应用价值。

第 6 章　总结与展望

21 世纪是个信息飞速增长的时代，互联网上积累了以文本形式而存在的海量信息。虽然文本信息增长迅速，但对文本信息进行处理、利用的技术发展却相对落后。文本挖掘就是在这个背景下迅速发展起来的一种海量文本数据自动分析技术，该技术涉及众多领域知识并且极费人力、财力、物力，在较短的时间内根本无法全面研究。本书仅对文本挖掘的若干核心技术进行研究，具体包括文本特征选择、文本分类、文本聚类、文本关联分析。

6.1　本书的主要研究内容、成果和创新点

(1) 介绍了文本挖掘的研究背景、研究意义、研究现状和研究难点；对文本挖掘技术进行了综述；阐述了本书要研究的核心技术；简单介绍了粗糙集的基本理论。

(2) 阐述了文本特征选择过程中的主要概念；简单介绍了常用的文本特征选择方法并总结了它们的不足；提出了优化的文档频、文本特征辨别能力、类内集中度、位置重要性、同义词处理方法等概念；给出了三种新的文本特征选择方法：基于综合启发式的文本特征选择方法、基于差别对象对集的文本特征选择方法、基于二进制可辨矩阵的文本特征选择方法。实验结果表明，在微平均和宏平均方面，这三种方法比三种经典的文本特征选择方法，即互信息、x^2 统计量及信息增益都要好，并且前一种方法优于后两种方法。

(3) 介绍了文本分类的定义、几种主要的文本分类方法；在文本分类中引入了粗糙集理论，利用粗糙集理论进行规则提取，提出了基于辨识集的属性约简算法和基于规则综合质量的属性值约简算法，并用这两个算法对规则进行约简，从而获得较简化的规则集。实验结果表明，其生成的规则属性较少，分类准确率和召回率都较高。

针对传统 ID3 算法倾向于选择取值较多的属性的缺点，引进了粗糙集的属性重要性来改进 ID3 算法，又根据 ID3 算法中信息增益的计算特点，利用凸函数的性质来简化 ID3 算法，从而获得一个优化的 ID3 算法。实验证明，优化的 ID3 算法与原 ID3 算法相比，在构造决策树时具有较高的准确率和更快的计算速度，并且构造的决策树还具有较少的平均叶子数。

(4) 介绍了文本聚类的概念、主要聚类算法；针对 K-Means 算法以及它的变种会

因初始聚类中心的随机性而产生波动性较大的聚类结果这个问题，提出了一种适合对文本数据进行聚类分析的算法。该算法把改进的模拟退火算法和 K-Means 算法结合在一起，从而达到既能发挥模拟退火算法的全局寻优能力，又可以兼顾 K-Means 算法的局部寻优能力，较好地克服了 K-Means 算法对初始聚类中心敏感、容易陷入局部最优的不足。实验表明，该算法不但生成的聚类结果质量较高，而且其波动性较小。

由于缺乏类信息，文本聚类中无监督文本特征选择问题一直很难较好地被加以解决，为此，本书对该问题进行了研究并提出了两种新的无监督文本特征选择方法：①结合文档频和 K-Means 的无监督文本特征选择方法。该方法着重使用分类领域的有监督文本特征选择方法来解决文本聚类领域的无监督文本特征选择问题。②结合新型的无监督文档频和基于论域划分的无决策属性的决策表属性约简算法的无监督文本特征选择方法。该方法首先使用所提出的新型的无监督文档频进行文本特征初选以过滤低频的噪声词，然后再使用所给的基于论域划分的无决策属性的决策表属性约简算法进行文本特征约简。实验结果表明，这两种方法在一定程度上都能够解决无监督文本特征选择问题。

（5）分析了传统关联规则中经典的 Apriori 算法和 FP-Growth 算法，总结了算法中存在的问题；把传统关联规则引入文本关联分析中，并分析了文本关联规则挖掘的难点；总结了当前在最频繁项集挖掘方面的不足，改进了传统的倒排表并结合最小支持度阈值动态调整策略，提出了一个新的基于改进倒排表和集合理论的 Top-N 最频繁项集挖掘算法（TOP-NSetInvertedList 算法）。另外，还给出了几个命题和推论，并把它们用于所提算法以提高性能。实验结果表明，所提 TOP-NSetInvertedList 算法的规则有效率和时间性能比常用的两个 Top-N 最频繁项集挖掘算法即 NApriori 算法、IntvMatrix 算法都好。

6.2　本书研究的不足和进一步工作展望

文本挖掘是一个热门研究课题，它涉及众多领域，现已引起学术界关注、重视。通过仔细研究，本书认为文本挖掘在以下几个方面有待做较为深入的研究：

（1）现如今各种软计算技术已达成熟，如何把这些成熟的技术应用到文本挖掘研究之中，这需要我们不断地进行实践研究。

（2）如何利用当代先进的并行计算技术来提高文本挖掘任务的时间性能也是有待研究的问题。

最后，由于时间、精力有限，书中难免存在待完善之处，敬请各位读者批评、指正，我将不胜荣幸和感激。

参 考 文 献

[1] Wang Cheng, Liu Ying, Jian Liheng, et al. An efficient approach for mining web content sensitivity [J]. International Journal of Knowledge and Web Intelligence, 2009, 1(2): 95-109.

[2] 中国互联网络信息中心(CNNIC). 第 38 次中国互联网络发展状况统计报告[R]. 北京: 中国互联网络信息中心, 2016.

[3] Choudhary A K, Oluikpe P I, Harding J A. The needs and benefits of text mining applications on Post-Project Reviews [J]. Computers in Industry, 2009, 60(9): 728-740.

[4] Zong Chengqing, Gao Qingshi. Chinese R&D in Natural Language Technology[J]. IEEE Intelligent Systems, 2008, 23 (6): 42-48.

[5] Segall Richard S, Zhang Qingyu. Web mining technologies for customer and marketing surveys [J]. The International Journal of Systems & Cybernetics, 2009, 38(6): 925-949.

[6] Wendy W Chapman, K Bretonnel Cohen. Current issues in biomedical text mining and natural language processing [J]. Journal of Biomedical Informatics, 2009, 42(5): 757-759.

[7] Yang Hsin-Chang. Automatic generation of semantically enriched web pages by a text mining approach [J]. Expert Systems with Applications, 2009, 36(6): 9709-9718.

[8] Huang Yueh-Min, Liu Chien-Hung. Applying adaptive swarm intelligence technology with structuration in web-based collaborative learning [J]. Computers & Education, 2009, 52(4): 789-799.

[9] Hung Chihli, Chi Yu-Liang, Chen Tsang-Yao. An attentive self-organizing neural model for text mining [J]. Expert Systems with Applications, 2009, 36(3): 7064-7071.

[10] Chang Che-Wei, Lin Chin-Tsai, Wang Lian-Qing. Mining the text information to optimizing the customer relationship management [J]. Expert Systems with Applications, 2009, 36(2): 1433-1443.

[11] 谢冬, 刘宏申. 文本挖掘中若干关键问题的研究[J]. 电脑知识与技术, 2009, 5(17): 4757-4758, 4774.

[12] 袁军鹏, 朱东华, 李毅, 等. 文本挖掘技术研究进展[J]. 计算机应用研究, 2006(2): 1-4.

[13] Lam C Tsoi, Ravi Patel, Wenle Zhao. Text-mining approach to evaluate terms for ontology development [J]. Journal of Biomedical Informatics, 2009, 42(5): 824-830.

[14] 王春明. 基于粗糙集的数据及文本挖掘方法研究[D]. 天津大学博士学位论文, 2005(7).

[15] Liu Wei, Wong Wilson. Web service clustering using text mining techniques [J]. International Journal of Agent-Oriented Software Engineering, 2009, 3(1): 6-26.

[16] Guo Qinglin, Zhang Ming. Implement web learning environment based on data mining [J]. Knowledge-Based Systems, 2009, 22(6): 439-442.

[17] 谌志群, 张国煊. 文本挖掘研究进展[J]. 模式识别与人工智能, 2005, 18(1): 65-74.

[18] Tao Yu-Hui, Hong Tzung-Pei, Lin Wen-Yang. A practical extension of web usage mining with intentional browsing data toward usage [J]. Expert Systems with Applications, 2009, 36(2): 3937-3945.

[19] Li Qing, Zhu Yuan, Chen Peter, et al. Concept unification of terms in different languages via Web mining for Information Retrieval [J]. Information Processing & Management, 2009, 45(2): 246-262.

[20] Himmel W, Reincke U, Michelmann H W. Text mining and natural language processing approaches for automatic categorization of lay requests to web-based expert forums [J]. J of Med Internet Res, 2009, 11(3): 20-25.

[21] Sharon Goldwater, Thomas L Griffiths, Mark Johnson. A bayesian framework for word segmentation: Exploring the effects of context [J]. Cognition, 2009, 112(1): 21-54.

[22] Hong Chin-Ming, Chen Chih-Ming, Chiu Chao-Yang. Automatic extraction of new words based on Google News corpora for supporting lexicon-based Chinese word segmentation systems [J]. Expert Systems with Applications, 2009, 36(2): 3641-3651.

[23] Andrea J Sell, Michael P Kaschak. Does visual speech information affect word segmentation [J]. Memory & Cognition, 2009, 37(6): 889-894.

[24] Islam Aminul, Inkpen Diana, Kiringa Iluju. Applications of corpus-based semantic similarity and word segmentation to database schema matching [J]. The VLDB Journal, 2008, 17(5): 1293-1320.

[25] 宋彦, 蔡东风, 张桂平, 等. 一种基于字词联合解码的中文分词方法 [J]. 软件学报, 2009, 20(9): 2366-2375.

[26] Louloudis G, Gatos B, Pratikakis I. Text line and word segmentation of handwritten documents [J]. Pattern Recognition, 2009, 42(12): 3169-3183.

[27] 赵春红, 高希龙, 王柠, 等. 一种应用分治策略的中文分词方法[J]. 燕山大学学报, 2009, 33(5): 444-449.

[28] Fu Guohong, Kit Chunyu, Jonathan J Webster. Chinese word segmentation as morpheme-based lexical chunking [J]. Information Sciences, 2008, 178(9): 2282-2296.

[29] Rajan K, Ramalingam V, Ganesan M, Automatic classification of Tamil documents using Vector Space Model and artificial neural network [J]. Expert Systems with Applications, 2009, 36(8): 10914-10918.

[30] Mao Wenlei, Chu Wesley W. The phrase-based Vector Space Model for automatic retrieval of free-text medical documents [J]. Data & Knowledge Engineering, 2007, 61(1): 76-92.

[31] Cheryl Aasheim, Gary J Koehler. Scanning World Wide Web documents with the Vector Space Model [J]. Decision Support Systems, 2006, 42(2): 690-699.

[32] Li Yongming, Zhang Sujuan, Zeng Xiaoping. Research of multi-population agent genetic algorithm for feature selection [J]. Expert Systems with Applications, 2009, 36(9): 11570-11581.

［33］Giorgia Foca，Marina Cocchi，Mario Li Vigni．Different feature selection strategies in the wavelet domain applied to NIR-based quality classification models of bread wheat flours［J］．Chemometrics and Intelligent Laboratory Systems，2009，99(2)：91-100.

［34］Silvia Casado Yusta．Different metaheuristic strategies to solve the feature selection problem［J］．Pattern Recognition Letters，2009，30(5)：525-534.

［35］Ahmed Al-Ani．A dependency-based search strategy for feature selection［J］．Expert Systems with Applications，2009，36（10）：12392-12398.

［36］Chen Nawei，Dorothea Blostein．A survey of document image classification：problem statement，classifier architecture and performance evaluation［J］．International Journal on Document Analysis and Recognition，2007，10(1)：1-16.

［37］吴哲．基于简单事件框架和关键字的自动文木分类［C］//第 18 届全国数据库会议论文［C］．上海：上海大学，2004：83-90.

［38］李通．基于自然语言理解技术的 Web 文件分类与过滤［C］//第 18 届全国数据库会议论文．上海：上海大学，2004：51-59.

［39］Pawlak Z. Rough sets［J］．International Journal of Information and Computer Sciences．1982，11(5)：341-383.

［40］Pawlak Z．Rough Sets：Theoritical aspects of reasoning about data［J］．Kluwer Acadernic Publishers，1991，12(3)：132-140.

［41］Pawlak Z. Rough sets：Theory and its application to data analysis［J］．Cybernetics and Systems，1998，29(9)：661-668.

［42］Miao D Q，Zhao Y，Yao Y Y. Relative reducts in consistent and inconsistent decision tables of the Pawlak Rough Set model［J］．Information Sciences，2009，179(24)：4140-4150.

［43］Yang Xibei，Yu Dongjun，Yang Jingyu．Dominance-based Rough Set approach to incomplete interval-valued information system［J］．Data & Knowledge Engineering，2009，68(11)：1331-1347.

［44］Kiyoshi Hasegawa，Michio Koyama，Masamoto Arakawa. Application of data mining to quantitative structure-activity relationship using Rough Set theory［J］．Chemometrics and Intelligent Laboratory Systems，2009，99(1)：66-70.

[45] Michael Ningler, Gudrun Stockmanns, Gerhard Schneider. Adapted variable precision Rough Set approach for EEG analysis [J]. Artificial Intelligence in Medicine，2009，47(3)：239-261.

[46] Yao JingTao, Joseph P Herbert. Financial time-series analysis with Rough Sets [J]. Applied Soft Computing，2009，9(3)：1000-1007.

[47] 曾黄麟. 智能计算[M]. 重庆：重庆大学出版社，2004.

[48] Wang Jia-yang, Zhou Jie. Research of reduct features in the variable precision Rough Set model [J]. Neurocomputing，2009，72 (10)：2643-2648.

[49] Fan Yu-Neng, Tseng Tzu-Liang (Bill), Chern Ching-Chin. Rule induction based on an incremental Rough Set [J]. Expert Systems with Applications，2009，36(9)：11439-11450.

[50] Masahiro Inuiguchi, Yukihiro Yoshioka, Yoshifumi Kusunoki. Variable-precision dominance-based Rough Set approach and attribute reduction [J]. International Journal of Approximate Reasoning，2009，50(8)：1199-1214.

[51] Meng Zuqiang, Shi Zhongzhi. A fast approach to attribute reduction in incomplete decision systems with tolerance relation-based Rough Sets [J]. Information Sciences，2009，179(16)：2774-2793.

[52] Pai Ping-Feng, Chen Tai-Chi. Rough Set theory with discriminant analysis in analyzing electricity loads [J]. Expert Systems with Applications，2009，36(5)：8799-8806.

[53] Chen You-Shyang, Cheng Ching-Hsue. Evaluating industry performance using extracted RGR rules based on feature selection and Rough Sets classifier [J]. Expert Systems with Applications，2009，36(5)：9448-9456.

[54] Srikanth Iyer, Manjunath D, Yogeshwaran D. Limit Laws for k-Coverage of Paths by a Markov-Poisson-Boolean model [J]. Stochastic Models，2008，24(4)：558-582.

[55] Sebastian R, Díaz E, Ayala G. Studying endocytosis in space and time by means of temporal Boolean models [J]. Pattern Recognition，2006，39(11)：2175-2185.

[56] Crespi Catherine, Lange Kenneth. Estimation for the Simple Linear Boolean model [J]. Methodology and computing in applied probability, 2006, 8(4): 559-571.

[57] Cheryl Aasheim, Gary J Koehler. Scanning world wide web documents with the Vector Space Model [J]. Decision Support Systems, 2006, 42 (2): 690-699.

[58] Burkowski, Forbes J Wong, William W L. Predicting multiple binding modes using a kernel method based on a Vector Space Model Molecular Descriptor [J]. International Journal of Computational Biology and Drug Design, 2009, 2(1): 58-80.

[59] Sayang Mohd Deni, Abdul Aziz Jemain, Kamarulzaman Ibrahim. Mixed probability models for dry and wet spells [J]. Statistical Methodology, 2009, 6(3): 290-303.

[60] Thomas Augustin, Enrique Miranda, Jiřina Vejnarová. Imprecise probability models and their applications [J]. International Journal of Approximate Reasoning, 2009, 50(4): 581-582.

[61] Fierens P I. An extension of chaotic probability models to real-valued variables [J]. In International Journal of Approximate Reasoning, 2009, 40(4): 627-641.

[62] Gao Qingwu, Wang Yuebao. Ruin probability and local ruin probability in the random multi-delayed renewal risk model [J]. Statistics & Probability Letters, 2009, 79(5): 588-596.

[63] Peter S Fader, Bruce G S Hardie. probability models for Customer-Base Analysis [J]. Journal of Interactive Marketing, 2009, 23(1): 61-69.

[64] Suresh Babu A. Weibull probability model for Fracture Strength of Aluminium(1101) — Alumina Particle Reinforced Metal Matrix Composite [J]. Journal of Materials Science & Technology, 2009, 25(3): 341-343.

[65] Zhang Hua, Wang Yunjia, Li Yongfeng. SVM model for estimating the parameters of the probability-integral method of predicting mining subsidence [J]. Mining Science and Technology, 2009, 19 (3): 385-389.

[66] Ashis Gopal Banerjee, Arvind Balijepalli, Satyandra K Gupta. Generating Simplified Trapping probability models From Simulation of Optical Tweezers System[J]. J. Comput. Inf. Sci. Eng., 2009, 9(2): 1003-1011.

[67] Liu Defu, Pang Liang, Xie Botao. Typhoon disaster zoning and prevention criteria a double layer nested multi-objective probability model and its application [J]. Science in China(Series E: Technological Sciences), 2008, 25(7): 325-344.

[68] Bronnimann, Markus. The usefulness of VSM-based representations in organisational work [J]. International Journal of Applied Systemic Studies, 2009, 2(1): 177-192.

[69] 郭庆琳, 李艳梅, 唐琦. 基于 VSM 的文本相似度计算的研究[J]. 计算机应用研究, 2008, 25(11): 3256-3258.

[70] 毛勇, 周晓波, 夏铮, 等. 特征选择算法研究综述[J]. 模式识别与人工智能, 2007, 20(2): 211-218.

[71] By NirAilon, Bernard Chazelle. Faster dimension reduction [J]. Communications of the ACM, 2010, 53(2): 97-104.

[72] Li Chenghua, Soon Cheol Park. Combination of modified BPNN algorithms and an efficient feature selection method for text categorization [J]. Information Processing & Management, 2009, 45(3): 329-340.

[73] Hiroshi Ogura, Hiromi Amano, Masato Kondo. Feature selection with a measure of deviations from Poisson in text categorization [J]. Expert Systems with Applications, 2009, 36(3): 6826-6832.

[74] Li Tao, Zhu Shenghuo, Mitsunori Ogihara. Text categorization via generalized discriminant analysis [J]. Information Processing & Management, 2008, 44(5): 1684-1697.

[75] Gheyas I A, Smith L S. Feature subset Selection in large dimensionality domains [J]. Pattern Recognition, 2010, 43(1): 5-13.

[76] Zhu Hao-Dong, Zhao Xiang-Hui, Zhong Yong. Feature selection method combined optimized document frequency with improved RBF network[C]//In: Proc. of 5th International Conference, ADMA2009. Beijing: China, 2009: 796-803.

[77] Nguyen M H, Torre F D. Optimal Feature Selection for support vector

machines [J]. Pattern Recognition, 2010, 43(3): 584-591.

[78] Salamó M, López-Sánchez M. Rough set based approaches to feature selection for Case-Based Reasoning classifiers[J]. Pattern Recognition Letters, 2011, 32 (2): 280-292.

[79] 朱颢东, 钟勇. 基于改进的 ID3 信息增益的特征选择方法[J]. 计算机工程, 2010, 36(8): 37-39.

[80] 朱颢东, 钟勇. 基于并行二进制免疫量子粒子群优化的特征选择方法[J]. 控制与决策, 2010, 25(1): 53-58, 63.

[81] 朱颢东, 钟勇. 基于类别相关性和交叉熵的特征选择方法[J]. 郑州大学学报(理学版), 2010, 42(2): 61-65.

[82] Chen Jingnian, Huang Houkuan, Tian Shengfeng, et al. Feature selection for text classification with Naïve Bayes[J]. Expert Systems with Applications, 2009, 36(3): 5432-5435.

[83] 胡佳妮. 文本挖掘中若干关键问题的研究[D]. 北京: 北京邮电大学博士研究生学位论文, 2008.

[84] 朱颢东, 钟勇. 结合优化的文档频和 LSA 的特征选择方法[J]. 计算机工程与应用, 2009, 45(34): 121-123.

[85] Destrero A, Mosci S, Mol C D. Feature Selection for high-dimensional data [J]. Computational Management Science, 2009, 6(1): 25-40.

[86] 朱颢东, 钟勇. 基于优化的文档频和 Beam 搜索的特征选择方法[J]. 计算机科学, 2009, 36(11): 196-199.

[87] 朱颢东, 钟勇. 基于新型文档频和优化的 Tabu 搜索的特征选择[J]. 华中科技大学学报(自然科学版), 2010, 38(2): 4-8.

[88] Xu Yan. A formal study of feature selection in text categorization [J]. American Journal of Communication and Computer, 2009, 6 (4): 32-41.

[89] 朱颢东, 钟勇. 结合优化文档频和变精度粗糙集的特征选择方法[J]. 河南大学学报(自然科学版), 2009, 39(5): 515-520.

[90] Liu Hua-Wen, Sun Ji-Gui, Liu Lei. Feature Selection with dynamic mutual information [J]. Pattern Recognition, 2009, 42 (7): 1330-1339.

[91] 朱颢东, 钟勇. 一种新的基于多启发式的特征选择算法[J]. 计算机应用, 2009, 29(3): 849-851.

[92] 朱颢东，周姝，钟勇．结合差别对象对集的综合性特征选择方法[J]．计算机工程与设计，2010，31(3)：622-625．

[93] 朱颢东，李红婵，钟勇．基于特征集中度和差别对象对集的特征选择方法[J]．信息与控制，2010，39(2)：223-227．

[94] 马春华，朱颢东，钟勇．结合新型文档频和二进制可辨矩阵的特征选择[J]．计算机应用，2009，29(8)：2268-2271．

[95] 朱颢东，周姝，钟勇．基于特征辨别能力和二进制可辨矩阵的特征选择[J]．计算机应用与软件，2010，27(10)：94-96．

[96] 杨明，杨萍．基于广义差别矩阵的核和属性约简算法[J]．控制与决策，2008，23(9)：1049-1054．

[97] Liang Ji-Ye, Chin K. S, Dang Chuang-Yin, et al. A new method for measuring uncertainty and fuzziness in rough set theory [J]. International Journal of General Systems, 2002, 31 (4)：331-342.

[98] 支天云，苗夺谦．二进制可辨矩阵的变换及高效属性约简算法的构造[J]．计算机科学，2002，29(2)：140-142．

[99] 徐章艳，杨炳儒，宋威．基于简化的二进制差别矩阵的快速属性约简算法[J]．计算机科学，2006，33(4)：155-158．

[100] 汪小燕．基于二进制可辨矩阵属性重要度的属性约简算法[J]．安徽工业大学学报(自然科学版)，2007，24(1)：76-79．

[101] Sebastiani F. Machine learning in automated text categorization [J]. ACM Computing Surveys, 2002, 34(1)：1-47.

[102] Yang Kun-Woo, Huh Soon-Young. Automatic expert identification using a text categorization technique in knowledge management systems [J]. Expert Systems with Applications, 2008, 34 (2)：1445-1455.

[103] Kyung-Soon Lee, Kyo Kageura. Virtual relevant documents in text categorization with support vector machines [J]. Information Processing & Management, 2007, 43(4)：902-913.

[104] Xu Xin, Zhang Bofeng, Zhong Qiuxi. Text Categorization Using SVMs with Rocchio Ensemble for Internet Information Classification [C]. ICCNMC 2005, LNCS 3619, Springer-Verlag Berlin Heidelberg, 2005, 1022-1031.

[105] Eunseog Youn, Myong K Jeong. Class dependent feature scaling

method using Naive Bayes Classifier for text data mining [J]. Pattern Recognition Letters, 2009, 30(5): 477-485.

[106] Hyunki Kim, Chen Su-Shing. Associative Naïve Bayes classifier: Automated linking of gene ontology to medline documents [J]. Pattern Recognition, 2009, 42(2): 1777-1785.

[107] Quilan J R. Induction of decision tree [J]. Machine Learning, 1986, 4(2): 81-106.

[108] 刘钢. 基于神经网络的文本分类系统 NNTCS 的设计和实现[D]. 北京: 中国科学院研究生院(软件研究所), 2005.

[109] 徐章艳, 杨炳儒, 宋威, 等. 一种快速计算 HU 差别矩阵的属性约简算法[J]. 小型微型计算机系统, 2008, 29(10): 1820-1827.

[110] 张振琳, 黄明. 改进的差别矩阵及其求核方法[J]. 大连交通大学学报, 2008, 29(4): 79-82.

[111] 杨明, 杨萍. 基于广义差别矩阵的核和属性约简算法[J]. 控制与决策, 2008, 23(9): 1049-1054.

[112] 周创德, 田卫东. 基于约束函数的差别矩阵及其求核算法[J]. 计算机工程, 2008, 34(15): 60-62, 66.

[113] 赵卫东, 戴伟辉. 基于特征矩阵的决策表约简研究[J]. 系统工程理论与实践, 2003 (3): 65-69.

[114] 朱颢东, 周姝, 钟勇. 结合 ODF 和辨识集的特征选择[J]. 重庆邮电大学学报(自然科学版), 2010, 22(1): 94-98.

[115] 朱颢东, 钟勇. 基于规则综合质量的属性值约简算法[J]. 计算机与数字工程, 2009, 37 (2): 1-3.

[116] John G H, Kohavi R, Pfloger K. Irrelevant features and the subset selection problem [A]. Mitchell T M. Proceedings on Machine Learning94[C]. Morgan Koffmann Publishers, 1994, 22(8): 121-129.

[117] 湛燕, 陈昊, 袁方, 等. 基于中文文本分类的分词方法研究[J]. 计算机工程与应用, 2003, 23(8): 87-89.

[118] 陶志, 许宝栋, 汪定伟, 等. 一种基于粗糙集理论的连续属性离散化方法[J]. 东北大学学报(自然科学版), 2003, 24(8): 747-750.

[119] McCallum, Andrew Kachites. BOW: A toolkit for statistical language modeling, text retrieval, classification and clustering. http://www.cs.cmu.edu/mccallum/bow, 1996.

［120］Appavu alias Balamurugan S, Ramasamy Rajaram. Effective solution for unhandled exception in decision tree induction algorithms ［J］. Expert Systems with Applications, 2009, 36(10)：12113-12119.

［121］朱颢东 . ID3 算法的改进和简化 ［J］. 上海交通大学学报，2010，44 (7)：883-886.

［122］Murphy P, Aha W. UCI Repository of Machine Learning Databases［DB/OL］. http：//www. ics. uci. edu/~mlearn/ ML Repository. html, 1996.

［123］Hu X, Cercone N. Data Mining Via Generalization, Discretization and Rough Set Feature Selection［J］. Knowledge and Information System：An International Journal, 1999, 1(1)：27-35.

［124］Mora-Flórez J, Cormane-Angarita J, Ordóñez-Plata G. K-Means algorithm and mixture distributions for locating faults in power systems ［J］. Electric Power Systems Research, 2009, 79(5)：714-721.

［125］Wang Xingwei, Guo Lei, Wei Xuetao. A new algorithm with segment protection and load balancing for single-link failure in multicasting survivable networks ［J］. Journal of Systems and Software, 2009, 82(3)：377-381.

［126］Derya Birant, Alp Kut. ST-DBSCAN：An algorithm for clustering spatial-temporal data ［J］. Data & Knowledge Engineering, 2007, 60 (1)：208-221.

［127］Iván Machón González, Hilario López García. End-point detection of the aerobic phase in a biological reactor using SOM and clustering algorithms ［J］. Engineering Applications of Artificial Intelligence, 2006, 19(1)：19-28.

［128］刘务华，罗铁坚，王文杰 . 文本聚类算法的质量评价［J］. 中国科学院研究生院学报，2006，23(5)：639-646.

［129］Zhao Y, Karypis G. Criterion functions for document clustering experiments and analysis［R］. Department of Comp. SCI & Eng University of Minnesota, 2001.

［130］Yong B Lim, Yeo Jung Park, Myung-Hoe Huh. D-optimality criterion for weighting variables in K-Means clustering ［J］. Journal of the Korean Statistical Society, 2009, 38(4)：391-396.

［131］Metropolis N, Rosenbluth A. Rosenbluth Metal, Equation of state calculations by fast computing machines〔J〕. Journal of Chemical Physics，1953，45(21)：1087-1092.

〔132〕Kirkpatrick S，Gelatt Jr C D，Vecchi M P. optimization by simulated annealing〔J〕. Science，1983，220(14)：671-650.

〔133〕Peng Yu，Zhang De-fu. A hybrid simulated annealing algorithm for container loading problem〔J〕. Mind and Computation，2009，3(2)：124-134.

〔134〕Mun Sungho，Cho Yoon-Ho. Noise barrier optimization using a Simulated Annealing Algorithm〔J〕. Applied Acoustics，2009，70(8)：1094-1098.

〔135〕柴晓冬，周成鹏. 一种改进的模拟退火算法的相位恢复〔J〕. 计算机工程与应用，2008，44(7)：75-77.

〔136〕朱颢东，钟勇，赵向辉. 一种优化初始中心点的 K-Means 文本聚类算法〔J〕. 郑州大学学报(理学版)，2009，41(2)：29-33.

〔137〕Chen Rung-Ching，Liang Jui-Yuan，Pan Ren-Hao. Using recursive ART network to construction domain ontology based on term frequency and inverse Document Frequency〔J〕. Expert Systems with Applications，2008，34(1)：488-501.

〔138〕Wilbur J W，Sirotkin K. The automatic identification of stop words〔J〕. Journal of Information Science，1992，18(1)：45-55.

〔139〕Dash M，Liu H. Feature Selection for Clustering〔C〕//Proc. of PAKDD. New York，2000，10(3)：110-121.

〔140〕Tao L，L Shengping. An evaluation on feature selection for text clustering〔C〕//The ICML03. Washington，2003，20(3)：53-58.

〔141〕Salton G. Automatic text processing：The transformation，analysis and retrieval of information by computer〔C〕// Proc. of The ICML89. Pennsylvania：Addison-Wesley，1989，32(2)：11-17.

〔142〕Li Chenghua，Soon Cheol Park. Combination of modified BPNN algorithms and an efficient feature selection method for text categorization〔J〕. Information Processing & Management，2009，45(3)：329-340.

〔143〕Xu Yan. A formal study of feature selection in text categorization〔J〕. Journal of Communication and Computer，2009，53(6)：32-41.

〔144〕Yi Hong，Sam Kwong，Chang Yuchou，et al. Unsupervised feature selection using clustering ensembles and population based incremental learning algorithm [J]. Pattern Recognition, 2008, 41 (9): 2742-2756.

[145] 刘涛,吴功宜,陈正. 一种高效的用于文本聚类的无监督特征选择算法[J]. 计算机研究与发展,2005,42(3):381-386.

[146] Fred A, Jain A K. Evidence accumulation clustering Based on K-Means algorithm[J]/ /SSPR/SPR. Windsor,2002,19(2):31-37.

[147] 朱颢东,李红婵,钟勇. 新颖的无监督特征选择方法[J]. 电子科技大学学报,2010,39(3):412-415.

[148] 倪子伟,蔡经球. 离散数学[M]. 北京:科学出版社,2002.

[149] 朱颢东,钟勇. 一种无决策属性的信息系统的属性约简算法[J]. 小型微型计算机系统,2010,31(2):360-362.

[150] Agrawal R, Imielinski T, Swami A. Mining association rules between sets of items in large databases [C]. Proceedings of the ACM SIGMOD conference on management of data,1993:207-216.

[151] Kim YongSeog. Streaming association rule (SAR) mining with a weighted order-dependent representation of Web navigation patterns [J]. Expert Systems with Applications,2009,36(4):7933-7946.

[152] Jea Kuen-Fang, Chang Ming-Yuan. Discovering frequent itemsets by support approximation and itemset clustering [J]. Data & Knowledge Engineering,2008,65(1):90-107.

[153] Agrawal R, Srikant R. Fast algorithms for mining association rules [C]//In Proceedings of 1994 International Conference on Very Large Databases. Chile:Santiago,1994,487-499.

[154] Bayardo R, Agrawal R, et al. Constraint-based Rule Mining in Large and Dense databases[J]. Journal of Data Mining and Knowledge Discovery,2000,36(2):167-179.

[155] Zaki M J. Scalable algorithms for association mining [J]. IEEE Transactions Knowledge and Data Engineering,2002,12(3):372-390.

[156] Yuan Li, Guo Hong, Yin Zhaohua. On optimal message vector length for block single parallel Partition algorithm in a three-dimensional ADI solver [J]. Applied Mathematics and Computation,2009,

215(7)：2565-2577.

[157] Agrawal R，Imielinski T，Swami A. Mining association rules between sets of items in large databases〔C〕. Proceedings of the ACM SIG-MOD conference on management of data，1993，207-216.

[158] Cristian Aflori，Mitica Craus. Grid implementation of the Apriori algorithm〔J〕. Advances in Engineering Software，2007，38（5）：295-300.

[159] Enrique Lazcorreta，Federico Botella，Antonio Fernández-Caballero. Towards personalized recommendation by two-step modified Apriori data mining algorithm〔J〕. Expert Systems with Applications，2008，35(3)：1422-1429.

[160] Han Jiawei，Pei Jian，Yin Yiwen，et al. Mining frequent patterns without candidate generation：A frequent-pattern tree approach〔J〕. Data Mining and Knowledge Discovery，2004，8(1)：53-87.

[161] Yu Guanzhu，Zeng Xianhui，Shao Shihuang. Mining frequent closed itemsets in large high dimensional data〔J〕. Journal of Donghua university(End. Ed)，2008，25(4)：416-425.

[162] George S Oreku，Li Jian-zhong，Fredrick J Mtenzi. DoS detections based on association rules and frequent itemsets〔J〕. Journal of Harbin Institute of Technology(New Series)，2008，15(2)：283-289.

[163] 陈晓云，胡运发. N 个最频繁项集挖掘算法〔J〕. 模式识别与人工智能，2007，20(4)：512-518.

[164] El-Hajj M，Zaiane O R. Inverted Matrix：Efficient discovery of frequent items in large datasets in the context of interactive mining〔C〕// Proc of the International Conference on Data Mining and Knowledge Discovery. USA：Washington，2003，109-118.

[165] 战立强，刘大昕. 频繁项集快速挖掘算法研究〔J〕. 哈尔滨工程大学学报，2008，29(3)：266-271.

[166] 朱颢东，李红婵. 关于 Top-N 最频繁项集挖掘的研究〔J〕. 电子科技大学学报，2010，39(5)：757-776.

致　谢

　　首先，衷心感谢郑州轻工业学院计算机与通信工程学院各级领导的大力支持，给予我一个宽松的发展环境，让我在自己感兴趣的领域里自由研究、探索。

　　其次，感谢我所在的郑州轻工业学院计算机与通信工程学院"智能信息处理团队"和智能信息处理实验室为我提供的良好的学习和工作环境，使得我的科学研究得以顺利完成。

　　最后，感谢我的父母、爷爷奶奶、妻子李红婵、女儿朱炫烨等亲人，是他们给予我前进的力量，感谢他们在精神和物质上给我关心和支持。